U0226118

机器何以构建心灵

关于机器意识可能性的哲学分析

游均 著

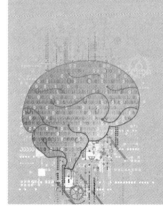

海峡出版发行集团
THE STRAITS PUBLISHING & DISTRIBUTING GROUP

福建教育出版社

图书在版编目（CIP）数据

机器何以构建心灵：关于机器意识可能性的哲学分析/游均著. —福州：福建教育出版社，2024.12.

ISBN 978-7-5758-0172-0

Ⅰ. TP18

中国国家版本馆 CIP 数据核字第 2024033LU9 号

机器何以构建心灵

——关于机器意识可能性的哲学分析

游均　著

出版发行	福建教育出版社	
	（福州市梦山路 27 号　邮编：350025　网址：www.fep.com.cn	
	编辑部电话：0591-83786915	
	发行部电话：0591-83721876　87115073　010-62024258)	
出 版 人	江金辉	
印　　刷	福州报业鸿升印刷有限责任公司	
	（福州市仓山区建新镇建新北路 151 号　邮编：350082）	
开　　本	890 毫米×1240 毫米　1/32	
印　　张	7.625	
字　　数	180 千字	
插　　页	1	
版　　次	2024 年 12 月第 1 版　　2024 年 12 月第 1 次印刷	
书　　号	ISBN 978-7-5758-0172-0	
定　　价	45.00 元	

如发现本书印装质量问题，请向本社出版科（电话：0591-83726019）调换。

目　录

1

引　论

　　随着人工智能科技的发展，我们将不可避免地触及一个深奥而引人入胜的问题：作为无心的机器，它要如何构建心灵？自古以来，"心灵"便是哲学讨论的重点话题，哲学家们曾使用"努斯（Nous）""灵魂""心""精神""意识"等各类词语来指称它，而在科学范式下，科学家们往往更青睐于统一的称呼——"意识"（consciousness）。物质、宇宙、生命和意识是当今科学的四大基本难题。人类科学发展至今，对于前面三者，都已经各自建立起基本的科学理论体系。而对于意识，人们却至今还在迷雾中摸索。尽管我们每一个人都有意识，但意识究竟是什么，学术界却无法给出一个统一的答案。霍根在《科学的终结》一书中指出："科学固守的最后一块阵地，并不是太空领域，而是人的意识世界。"[①] 然而，人类研究"意识"的时间并不短暂。哲学自诞生之初就持续关注"意识"。历史上，哲学家们对意识的讨论占据了哲学史的绝大部分篇幅。尽管意识有漫长的研究历史，但至今却尚

---

　　① 霍根著，孙拥军等译. 科学的终结［M］. 呼和浩特：远方出版社，1997：235.

未有定论。有人认为，这是因为我们对意识的传统研究方式有问题。而近年来，随着科技的飞速发展，除了传统的哲学思考外，借助当前科技水平来探究意识之谜的呼声也随之而来。近十年来，世界各国都将脑与意识的相关研究作为未来重要的科技项目：2013 年 1 月，欧盟将人类脑计划 HBP（Human Brain Project）选为未来新兴旗舰项目之一。同年 4 月，时任美国总统的奥巴马宣布启动"创新性神经技术大脑研究"计划 BRAIN（Brain Research through Advancing Innovative Neurotechnologies）。2014 年，日本也随之发起 Brain/MINDS 研究计划（Brain Mapping by Integrated Neurotechnologies for Disease Studies）。2016 年，中国"十三五"规划纲要也将"脑科学与类脑研究"确定为重大科技创新项目和工程之一，随后，2021 年发布的中国"十四五"规划纲要当中进一步扩大了脑科学研究规模。如此盛况，正说明了当前人们对于意识问题的重视。

近年来，机器智能技术作为新兴技术的代表，得到了突飞猛进的发展。以深度神经网络为核心的各类机器学习模型不断进步，使得机器在模拟人类智能方面的表现越来越出色。例如，在 2016 年，AlphaGo 的问世在围棋领域引起了轰动，它先后战胜了李世石和柯洁等世界顶尖棋手。两年后，即 2018 年，AlphaFold 这一蛋白质预测模型在 CASP 竞赛中以优异的成绩成功预测了 43 种蛋白质中 25 种的精确结构。此后，AlphaFold 系列模型不断迭代升级，至今已发展到第三代，成功预测了约 100 万个物种的 2 亿多个蛋白质结构。进入 2021 年，DALL-E 的发布标志着人工智能生成内容（AIGC）技术的兴起。它允许用户通过文本描述来创建高质量的图像，为公众带来了全新的视觉体验。紧接着，在 2022年，OpenAI 推出了 ChatGPT，这一工具在自然语言处理领域取得了重大突破，能够生成连贯且符合上下文的回答。ChatGPT 的应用范围广泛，包括进行对话、提供问题解释、创意建议、解决问题、编写和解释代码，甚至可以模拟不同的人物个性或写作风格。这一系列技术进步逐渐展现了机器智能的日益成熟。各大国对此尤为重视，美国早在 2016 年就发布了《人工智能战略》，中国的十九大和二十大报告更是明确地将人工智能技术列为未来技术创新的重点之一，这无疑是将发展机器智能技术上升到了国家级的战略高度。

　　一方面是机器智能科技飞速发展，另一方面是对意识研究的迫切需求，在这双重影响的当下，对机器进行意识研究也就呼之欲出了。著名机器意识学者，英国伦敦帝国学院电子工程系的亚历山大（Aleksander）教授指出，早在 20 世纪90 年代，学术界就一改原先对机器意识的怀疑态度，纷纷尝试建构机器意识理论与模型。[①] 其他有识者也指出，开展机器意识的计算建模研究将有助于推进对人类意识现象的理解，

①　I. Aleksander. The potential impact of machine consciousness in science and engineering［J］. International Journal of Machine Consciousness，2014，01（01）.

推动构建更加合理的意识理论。① 以上诸多盛况足以说明机器意识方面的研究是当前时代所需，富有创新性、科学性与前沿性。

作为结合了意识哲学、神经科学、人工智能、认知科学、心理学等多学科的新兴交叉研究领域，机器意识研究尚处于库恩所谓的"前范式"阶段，各个学科内部对意识的研究未达到统一，更遑论构建意识的跨学科大一统科学。但若是梳理近年来机器意识的研究脉络，倒也可以看出一些大概。总体来说，当前的机器意识研究有着以下几个方面趋势。

其一，对意识的各项功能进行建模与机器实现逐渐成为研究的主流。意识作为高度复杂的现象，想要一步到位完整地实现机器意识，其中的难度是相当大的，而通过化整为零的方式，对意识的各项不同的功能分别进行机器实现无疑就容易得多。而在意识的各项功能中，有容易通过机器实现的部分和不太容易通过机器实现的部分。就当前的研究学界来说，研究者们倾向于行为控制、推理计算等相对容易实现的方面。

其二，对于大脑和神经系统的研究依然是研究的热门区域。这部分研究作为基础性的研究，对其他各方面研究有着指导作用，不论是对意识的各项功能的人工建模，还是进行

---

① S. E. GÖk，E. A. Sayan. philosophical assessment of computational models of consciousness ［J］. Cognitive Systems Research，2012 (17-18)：49-62.

脑机融合，都有赖于这部分的研究成果。就研究类型而言，该部分主要以脑成像技术为发展重点。

其三，研究的关注点不再局限于意识自身，研究者们开始关注意识与躯体、环境之间互动的涉身性方面。涉身性的机器人开始出现在人们的视野中。

其四，以脑机融合技术为主要代表的新兴技术开始大量出现。作为一种人类大脑与机器智能互动的典型方式，脑机融合在医疗、游戏娱乐、军事等应用领域都有着广阔前景，因而相比其他研究更受到企业的青睐。

就国外的发展状况而言，机器意识方面的研究已有一定研究规模，且这一规模还有逐年增加的趋势。较为知名的研究者有上文提到的亚历山大教授、塔夫茨大学哲学系的丹尼特（D. Dennett）教授、英国伯明翰大学计算机科学系的所罗门（A. Sloman）教授、美国伊利诺伊大学哲学系的海客能（P. Haikonen）教授等。这些研究者在机器实现上提出了众多构想和具体的实现方案，并且在意识读取、意念操控等新兴领域展示出了惊人的成果。

而在中国，尽管人工智能方面的研究如火如荼，但"机器意识"方面的研究却少有人问津。好在以中国科学院高能物理研究所的唐孝威院士和中国科学院生物物理研究所的汪云九先生为首的有识之士早在 20 世纪 90 年代就在国内积极倡导意识科学研究。其后，在 2004 年的厦门大学，来自逻辑、计算机、数学、认知等不同学科的学者们齐聚一堂，召开了第一届"人工智能与哲学"研讨会，并在之后将其改名为"心灵与机器"会议，商定每年举办一届，迄今已逾二十年。2024年，在山西大学举办的二十一届"心灵与机器"会议已经是上百人参加，并安排了7场大会报告和36场分主题报告的学术大会。

尽管机器意识的研究规模在逐年扩大，所发表的论文也是逐年增加，总体呈现一片欣欣向荣之势，但是，当前的机器意识研究所存在的问题也是很明显的。主要体现为以下两点。

第一点即各个学科的学者们往往局限于自身的研究领域，而少有真正的跨学科的研究。著名哲学家丹尼尔·丹尼特曾经对这种现状发表了言辞激烈的批评："我们难道会去质问人工智能领域的专家们：你们会浪费时间同神经科学家讨论吗？神经科学家并不谈论什么信息处理，而只关心在哪里发生，涉及了哪些神经递质或是哪些琐碎的事实，他们对高阶认知功能的计算要求更是一无所知。我们难道会去质问神经科学家们：你们会浪费时间做人工智能的幻想吗？人工智能的专家们只不过是在创造他们想要的机器，并且显示出他们在对大脑认识方面的不可宽恕的无知。与此同时，认知心理学家的整合模型不断受到指责，这些模型既不具有生物上的可能性，也不具有经验证实的计算能力，人类学家即使看到了也不会去关注它们；哲学家正如我们所知，总是互相批判和诘难，为他们自己创造的困惑而焦虑，同时，在他们的舞台上不但没有数据，他们的理论也不具有经验上的可检验性。"①
意识本身是一个复杂的现象，各个不同的学科从各自的角度
对意识展开了不同方面的研究，可谓是"横看成岭侧成峰，
远近高低各不同。不识庐山真面目，只缘身在此山中"。但
是，这种情况却有着一种隐患，它使得从事意识研究的都是
一个个各自行业内的专家，却少有广泛涉猎各个领域，彻底
把握意识整体性质的大师。专家们由于受自身专业所限，难
免会顾此失彼，使得意识研究在最为关键的多学科交叉融合
之处少有优秀的研究成果。在这种现象背后，还透露出根深
蒂固的科学与人文阵营的对立。意识研究在之前往往归为人
文研究的领域，科学开始涉足意识研究是近现代的事情。而
人文的思辨研究与科学的实证研究在各自的方法论上就显得
格格不入，其各自对意识的探究也就大相径庭，这是当前机
器意识研究中最明显的问题。

　　第二点即当前的机器实现往往侧重于行为表现等细枝末
节的"容易问题"，这些研究容易出成果但是并没有对机器意
识研究做出核心贡献，因为其并没有涉及真正核心的关于意
识觉知的"困难问题"。而实现机器的意识觉知的主要困难在
于，负责机器实现的工程师们本身对意识的认识，尤其是意
识觉知的认识存在着各种理论上的不足，甚至是概念上的偏

---

① 　D. Dennett. Darwin's Dangerous Idea [M]. London：Penguin，
1995：254-255.

差。机器意识学者所罗门（A. Sloman）对这种现象一针见血地指出，众多宣称在做机器意识研究的研究者们无视了针对意识的不同争论，没有分析这一术语的长久的哲学历史，没有对比其他可能拥有意识的物种，考虑其中可能的相关性，或是对比其他可能的解释，而仅仅是轻易地将他们所使用的定义套用在这一关键术语上，从而借此实现那些符合他们定义的机器装置，并由此就宣称自己实现了机器意识。① 显然，这种做法无疑是掩耳盗铃，自欺欺人的。

基于这两点，笔者在本书中将重点针对意识的觉知从科学与人文两个方面进行探讨与研究，希望借此抛砖引玉，让更多研究者关注到意识觉知才是破解意识之谜的关键，并尽早达成意识觉知的机器实现。

---

① A. Sloman. An alternative to working on machine consciousness [J]. International Journal of Machine Consciousness，2014，02（01）.

第一章 意识相关概念辨析

意识是一种复杂而又神秘的现象，著名科学哲学家美国纽约大学哲学教授查尔莫斯（D. Chalmers）宣称"意识体验既是我们世界中的最熟稔之物，同时也是我们世界中的最神秘之事"①。不得不承认的是，日常用语中的"意识"是一个混杂的概念，其往往指代各种不同的意识现象，诸如努斯、心、心灵、心识、灵魂、精神、理性、感性等等。概念的不清晰往往也会导致问题本身的研究不透彻，因而澄清"意识"的概念对于机器意识研究有着至关重要的意义。

从词源上看，英文"Consciousness"一词起源于拉丁词语"Conscius"。据考，该词首次出现在剑桥的柏拉图主义者拉尔夫·古德华兹（Ralph Cudworth）于 1678 年发表的《宇宙真正的理智体系》（*True Intellectual System of the University*）一书中。② 在哲学史上，首次使用意识（Conscious-

---

① 查尔莫斯著，朱建平译. 有意识的心灵 [M]. 北京：中国人民大学出版社，2013：13.

② Carter，Benjamin. Ralph Cudworth and the theological origins of consciousness [J]. History of the Human Sciences，2010（07），Vol. 23：29-47.

ness）一词的是洛克（John Locke），在他之前，笛卡尔（Rene Descartes）曾用"Conscientia"一词来表示意识①。从词源来看，"Conscius""Consciousness""Conscientia"三者是同源关系，"con"表示加强后面词的意义，"sci"则表示知道，并引申为知觉。洛克认为："所谓意识就是一个人心中所发生的知觉。"② 他指出"人既然发生知觉，则他便不能不知觉到自己是在知觉的。当我们看到、听到、嗅到、尝到、觉到、思维到、意想到任何东西时，我们知觉自己有这些动作"。③

相比洛克，休谟（David Hume）则更进一步，直接指出意识与知觉二者的同一性："我们所确实知道的唯一存在物就是知觉，由于这些知觉借着意识直接呈现于我们，所以它们（即意识与知觉二者，笔者注）获得了我们最强烈的同一，并且是我们一切结论的原始基础。"④ 约翰·洛克（John Locke）有时候将意识与知觉并称，也正是基于这种同一性："我们凭知觉和意识（Consciousness）知道确有各种观念由外界那些

① 倪梁康. 自识与反思：近现代西方哲学的基本问题［M］. 北京：商务印书馆，2002：56.
② 洛克著，关文运译. 人类理解论［M］. 北京：商务印书馆，2009：80.
③ 同上，第309—310页。
④ 休谟著，关文运译. 人性论. 上册［M］. 北京：商务印书馆，1996：239.

特殊事物而来。"① 不过，如果没有针对知觉的进一步的说明，那么这种解释就避免不了同义反复的质疑。因此，我们还需要解释知觉具体包括什么内容，又具有哪些特性。尽管休谟曾解释说"视、听、判断、爱、恨、思想等一切活动都归在知觉的名下。心灵所能施展的任何活动，没有一种不可以归在知觉名下……"② 但这些论述既不能完全展现知觉与意识的特性，也不能使得我们对意识的认识更进一步。因而，为了加深对意识的理解，还需要从多个不同的方面来考察意识。

丹尼特在《心灵种种》③ 中提到，在解释和预测某一系统的状态时，可以根据系统的复杂程度与类型，采取意向立场、设计立场、物理立场三种不同的策略。物理立场是根据已知物理规律，与事物的物理构成来进行解释的策略，如通过神经细胞的激活放电过程来解释活跃的脑区；设计立场则是通过设计原理与功能来解释的策略，在设计立场解释的时候，并不需要理解系统背后的物理规律，例如，理解一个闹钟的功能并不需要解释闹钟背后的物理机制，而只需要理解闹钟所起的功能与作用。意向立场则是通过智能体的愿望和信念来进行解释的策略，例如小明在抱着脚趾头惨叫，我们会说

① 洛克著，关文运译. 人类理解论 [M]. 北京：商务印书馆，2009：528.
② 休谟著，关文运译. 人性论：下册 [M]. 北京：商务印书馆，1996：496.
③ 丹尼尔·丹尼特. 心灵种种：对意识的探索 [M]. 上海科学技术出版社，2010.

是因为他感到了疼痛，而不是 C 纤维激活来进行解释。借助
这种方法，根据意识的表现方式不同，我们将意识分为基于
公共视角的外部表现与私密视角的内部体验。外部表现又可
以分为意识载体的物理表现，以及意识言行主体的表现，这
二者分别可以从物理机制角度和意向的角度来进行解释，物
理表现是自然科学的解释领域，言行表现是心理学的解释领
域。而对意识的内部体验来说，两种解释领域都不再起作用，
需要第三种解释领域，即设计立场的结构功能解释，即通过
意识体验的结构来做出解释。

第一节　意识的外部表现

意识的外部表现有着双重研究意义。其一，由于意识体
验的私密性，我们只能体验自身的意识，无法体验其他人的
意识，他人的意识体验就是个神秘的黑箱。意识黑箱的内部
和外部各自体现出了截然不同的性质，意识黑箱的外部是有
目共睹的公共领域，而内部就只有拥有这个黑箱的意识个体
才能知晓。对意识个体而言，需要通过外部表现来向外部表
达其意识内容，对外部的公众而言，则需要通过意识个体在
外部的公共展现来推断该个体所具有的意识内容，因而外部
表现的研究是意识研究中必不可少的重要组成部分。作为一
个整体，意识的内部体验必然地与其外部表现一起产生，这

种情况就如同一张纸的正面与反面，一个完整的意识学说不得不对二者的关系作出说明。必须强调的是，将意识划分为内部与外部是为了研究上的便利，这种分门别类的研究方式无疑有着化繁为简的优势。基于同样的划分方式，我们将意识的外部表现进一步地分为言语行为上的外部表现与物理机制上的外部表现来加以陈述。

一、意识的言语行为表现

言语行为是意识外部表现中最直观的渠道，也是最优先的渠道。在医疗应用中，往往采用检查各种言语行为表现能力的格拉斯哥昏迷评分量表来快速审定患者的意识程度。在科研中，言语对话一直被用作是图灵测试的标准项目，除此之外，研究者们也往往利用镜像测试中的相关行为来判定被试的动物和婴儿是否具有自我意识。科学要求研究对象可被客观地观察与验证，由于意识的私密性，人们无法直观到研究对象的意识，因此可供客观地观察与验证的言语行为成为了最为直观又有效率的替代方案，赖尔（Gilbert Ryle）对此表示："一个人却不具有直接进入另一个人内心生活事件的途径。他至多能够做到，借助于根据他自己的行为引出的类比，从观察到的他人的身体行为可疑地推出一些心理状态，假定

13

那种行为表示了这些心理状态。"①

与物理机制表现相对比，言语行为表现在认识意识功能的意义上优先于物理机制表现，是脑科学判断相关脑区与意识功能的最原始依据。脑损伤会对患者的行为产生显而易见的影响，某一脑区的具体功能，是通过该脑区受损而引起的言行变化而发现的。例如，布罗卡区失语症患者往往具有如下问题：发音器官和听觉理解都正常，智力也处于常人水平，可以通过符号来正常交流，但是患者发音困难，语法结构简单或是没有，常使用不清晰的短句，而且词汇贫乏。患者的这些言行表现表明了其语言的语音表达能力受到了损伤，但此时还不能确定这个损伤和大脑的联系，而通过对患者尸体的解剖，布罗卡（Pierre Paul Broca）发现患者左侧额叶第三脑回存在损伤，从而在物理机制层面将布罗卡区的脑损伤与失语症关联起来。

在现代脑科学发展起来之前，研究者们只能被动地观察脑损伤患者的相关言语行为，并在患者死后解剖确认脑部病变来确认相关脑区的功能。而现代脑科学技术中的光敏感技术的发展，使得研究者们可以通过激活或是抑制实验动物的某一特定脑区的神经细胞来观察其所发生的言行变化，从而确定该脑区的功能。如果不通过言行表现这一途径，也就无

---

① 吉尔伯特·赖尔著，徐大健译. 心的概念［M］. 北京：商务印书馆，2009：8.

从断定某些脑区的具体功能，以及相应意识系统的意识能力。设想我们遇到一个外星来的未知物，若其没有高度复杂的言语或是行为表现，我们就无法认同其是有意识的。同理，机器人若是没有复杂的言语行为表现，也很难被认为是有意识的，因此言语行为的实现是机器意识所必须致力的一项目标。

同时，需要强调的是，虽然有意识必然具备言语或行为，但具有言语或行为并不代表具有意识，言语行为只是意识的一种表现方式，仅仅是必要条件，而不是意识得以成立的充分条件。借助加州大学的哲学教授希尔勒（John Rogers Searle）提出的中文之屋思想实验，我们可以更深入地理解这一点。设想一下，有一间完全封闭，只保留一个传递纸条出入口的屋子，里面有一台超级计算机，这个计算机根据一套完整记录了所有中文语法的程序来与屋外的人交流。希尔勒指出，表面上和你对答如流的中文之屋实际上并不了解那些中文的意思，它们只是按照一系列程序而运作而已，它并没有我们人类对话时的那种清晰明了的意识状态。①

查尔莫斯引用的哲学怪人（philosophical zombie）的思想实验则进一步表明了这一点：假设在某个可能世界中有个疯狂的天才科学家，以你为原型制造出一种怪物，可以称其为怪人，怪人可以是一台精密设计编程的机器人，它的一切

———————

① J. Searle. Minds，Brains and Programs［J］. Behavioral and Brain Sciences，1980（3）：417.

15

言谈举止以及功能执行都与你相同，唯一不同的在于，它完全没有主观的意识体验。[①] 怪人的例子说明了，就算看起来与常人无异的言语和行为也可能是无意识的程序运作导致的。因此，虽然言语行为是意识考量的重要指标，但不可轻易将具有言语行为等同于有意识。

二、意识的物理机制表现

如果我们承认意识是一种可被科学解释的自然现象，而不是像鬼魂或是幽灵一般超出科学范畴的存在，则不管意识发生时所伴随的物理现象与意识是什么关系，这个物理现象都可以作为研究意识的一个切入点。不论是生物意识的生物机制，还是机器意识的机器机制，承载意识的系统总会显示出相应的物理表现，这些物理表现与意识活动密切相关，而且在便于科学的客观观察与操作实验的意义上，都有着不可取代的作用，因而成为了科学研究的重点关注对象。

就客观观测的意义而言，物理机制表现对比言行表现更为标准与客观。言行表现依赖于每一个个体，因此缺乏科学上的客观性。刺激与痛觉相关的脑区，不同个体通过其言语行为表现出的疼痛程度千差万别，而没有一个客观的标准。

---

① 查尔莫斯著，朱建平译. 有意识的心灵 ［M］. 北京：中国人民大学出版社，2013：118.

普特南（H. Putnam）就曾在《理性、真理、历史》（*Reason，Truth and History*）一书中提出过超级斯巴达人和完美伪装者的案例，斯巴达人以勇敢著称，而受到长期训练的超级斯巴达人即使感受到常人难以忍受的疼痛也可以面不改色；相对应的，完美伪装者则可以平白无故伪装出极度痛苦的言行表现，尽管他本人并没有感受到任何痛苦。言语行为可以伪装，但物理机制的表现是无法伪装的，生物只要感受到疼痛，与疼痛相关的脑区就一定处于激活状态，因此，科学界研究意识的主流方法也就有了从仅仅观察对象的言语行为到更侧重于观察对象在大脑和神经系统等物理方面变化的转变，在神经病理学中尤其如此。

就脑损伤而言，我们可以确信，如果脑损伤包括双侧腹内侧前额叶区域，那么该损伤会伴随推理能力损伤、决策和情绪损伤、感受损伤。同样地，如果出现与推理能力损伤、决策和情绪损伤、感受损伤相应的表现，但其他心理能力大致完好，则脑损伤最严重的区域应该就是腹内侧区域。需要阐明的是，物理机制表现并不仅仅局限于某些脑区功能，脑内的神经化学递质，如多巴胺、去甲肾上腺素和乙酰胆碱、5-羟色胺等神经递质在调节行为和意识方面都起着不可忽视的作用。除此之外，各种脑成像技术的发展使得研究者和医生们可以实时监测与意识活动相关的各个脑区的物理变化，在不需要开颅的情况下找到病变部位，使得人们对大脑与意识的探索前进了一大步，并为操作实验提供了可靠的观察资料。

　　就操作实验的意义而言，研究者可以通过不同方式对大脑施加物理机制上的刺激，如电刺激、脑切除、化学刺激等，从而来观察被刺激的脑区会引起怎样的变化，从而确定被刺激脑区的功能，或是实验病变脑区的治疗情况。史蒂文·罗斯在《有意识的大脑》中描述了如何通过脑切除寻找记忆相关皮层的过程①：首先训练老鼠跑迷宫，然后切除皮层的不同区域，让老鼠恢复后检查它们跑迷宫技能的保持情况，根据这些表现来推断被切除的区域与哪些功能表现相关。但是，脑神经的基本单位是神经元，无论电刺激、脑切除或是化学刺激都是直接针对特定的整片脑区进行操作，无法区分该区域的不同种类的神经元各自产生怎样的作用。而斯坦福大学卡尔（Karl Deisseroth）实验室提出的光遗传（optogenetics）技术则突破了这一局限。光遗传技术通过在神经细胞中表达光敏蛋白来响应不同波长的光刺激，从而使得神经科学家可以精确切断任何指定的神经回路，而且可以将控制时间精确到毫秒级。② 光遗传技术因此被 *Nature* 杂志评选为"2010 年度最受关注科技成果技术"之一，同年的 *Science* 杂志也在十

---

　　① S. Rose. The conscious brain［M］. New York：Paragon House，1973：251-252.

　　② A. R. Adamantidis，F. Zhang，A. M. Aravanis. Neural substrates of awakening probed with optogenetic control of hypocretin neurons［J］. Nature，2007，450（7168）：420-424.

年技术回顾中着重强调了该项技术。

上述的诸多科研成果也揭示了意识的内部体验与物理表现之间存在着某种联系。科赫与克里克就试图基于这种联系找到大脑中的意识相关物（NCC，Neural Correlates of Consciousness），在早期研究中他们宣称众多神经元以 40 赫兹频率振动是意识视觉觉知的关键，而在之后，他们则发现枕叶的高阶感觉区与前额叶的计划与决策区的长程连接与意识有着密不可分的联系。但是，想找到意识的神经相关物的任务是困难的，因为神经活动并不都与意识相关，甚至大部分的神经活动都是无意识的，如无梦睡眠状态也有着丰富的神经活动。而且，在清醒状态下的神经活动也并不完全产生意识，阈下知觉实验表明，短于 200 毫秒的间隔插入图片，被试者并没有看到这些图片，但却对其产生了下意识的反应。除此之外，神经活动的过量激活反而会导致癫痫，从而丧失意识状态。由此可见，神经活动表现与言语行为表现一样，只能作为判定意识的必要条件，而无法成为判定意识的充分条件。我们还需要在物理机制表现和言语行为表现之外来寻找意识的充分条件。

第二节　意识的内部体验

虽然通过物理机制表现与言语行为表现来探讨意识可以

获得各种确切的信息，但这些信息却与我们直观上所理解的意识状态大相径庭。试想一下，当我们漫步在公园里，迎着和煦清风、鸟语花香，可以感到自己惬意的心情。此处的和煦清风、鸟语花香和惬意心情所呈现的，正是我们所熟悉的第一人称视角的意识体验，这种意识体验有别于物理特征和言语行为这些第三人称视角下的对外展现。从本质上看，只有意识的内部体验才是意识的根本所在，也是意识最为神秘之处。

内格尔（T. Nagel）在《成为一只蝙蝠可能是什么样子》[①] 一文中提到，当我们说一个有机体有意识，就是说作为那种有机体"是什么感觉"（what is it like）。他举例说，蝙蝠通过声呐感知外部环境，就其知觉形式来说可以与我们的视觉相媲美，尽管我们可以理解其中的原理，但我们却无法具有蝙蝠那种主观体验，也不能通过这背后的物理机制来还原这种特殊的主观体验。这种独特的主观体验，具有一种质的特征，被称为感受质（qualia）。内格尔认为，这种质的特征就是意识的核心所在，某个有机体有意识也就意味着该有机体具备这种主观体验的质的特征。

为了研究的便利，我们将以两种不同的分类方式进行划分研究：根据意识体验的内容，可以将意识体验进行横向区

---

① 内格尔. 成为一只蝙蝠可能是什么样子. 高新民，储昭华主编. 心灵哲学 [C]. 北京：商务印书馆，2002.

分，这里的横向指的是意识内容之间的平行性，即是说，意识体验的内容是互相独立的，不存在生成上的依存关系，但又共同指向意识体验，按照关系来看的话，意识体验的各个内容就是意识体验下属分立的横向结构；而根据意识的构成结构不同，我们则做出纵向区分，此处的纵向主要指的是意识的生成结构，旨在建立一个从底层到高层的意识结构说明。

一、意识体验的内容

虽然主观体验具有统一的质的特征，但主观体验也存在着不同的内容，看到一朵花的主观体验和闻到花香的主观体验差异悬殊，而快乐的体验和痛苦的体验更是相去甚远。布洛克（Ned Block）将意识体验的内容分成了两大类性质，分别是现象意识（Phenomenal Consciousness，简称 P 意识）与可达意识（Access Consciousness，简称 A 意识）。

布洛克认为，A 意识主要负责认知相关的意识内容，涉及到理性推理、思考、执行计划等。A 意识可以通过推理和理性来指导言语和行为，是我们思考和决策时的意识内容。在另一方面，P 意识与我们的感官体验和情感感受相关，包括我们看到的颜色、听到的声音、感受到的触觉以及情绪体验等。P 意识关注的是"感受"本身，即我们内在体验的主观性质。他借用盲视现象（blindsight）说明二者，盲视患者的眼部功能正常，但由于脑部受损，患者没有盲视区域的视觉现象体验，但如果让其猜测盲视区里可能有什么东西，以及它们的尺寸、位置、形状和运动方向时，其回答的准确率却远远高于随机猜测的程度。布洛克指出，盲视现象中所缺失的视觉体验的部分属于 P 意识，而视觉认知的部分则属于 A 意识。因而，盲视患者缺失了视觉 P 意识，而视觉 A 意识得到了部分保留。

大致来说，P 意识的内容包括：（1）感觉经验，如看到的绿色或红色、听到的音乐声、闻到咖啡的香味和尝到的口感等；（2）躯体感受，如感觉到疼痛、饿、痒、冷、热等；（3）情绪感受，如高兴、渴望、热爱、悲伤、后悔等。[①] P 意识的内容在于意识体的私人意识体验之中，并且无法通过言语传递，你可能尝到了一个非常甜美的水果，你希望向周围的朋友介绍这个水果的口感，但这种活生生的体验是无论用什么词汇形容都无法还原的。

现象体验的那种质的感受不仅无法通过言语获得，而且无法通过物理机制的说明来获得。回顾一下上文内格尔提到的蝙蝠的例子，尽管我们理解超声波进行回声定位的原理，甚至理解了蝙蝠感知环境的一切物理细节，但我们却无法从中获得蝙蝠的那种质的感受。弗兰克·杰克逊（Frank Jackson）的黑白玛丽思想实验则突出了物理主义对于解释这种质

① J. Haugeland. Artificial intelligence: the very idea [J]. Philosophical Review, 1989 (7): 3-11.

的感受的无力：玛丽从小就被关在一个只有黑白色的房间里，她通过只有黑白色的书和黑白电视机学习了全部的物理、化学、神经生物学的知识。杰克逊指出，当玛丽从这一黑白房间里出来，看到五彩斑斓的外部世界时，她获得了一种全新的主观体验，这一体验是即便穷尽她之前所有的物理知识与神经生理知识也无法获得的。现象体验是物理主义描述所缺乏的东西。

除此之外，布洛克还提出颠倒光谱的思想实验，指出 P 意识还不可被功能性质描述。意识的功能主义认为，意识状态对应着大脑或者系统的功能状态。这意味着一个心理状态（如相信、渴望或感到疼痛）由其在认知系统中的角色定义，特别是它与感官输入、其他心理状态和行为输出相互作用的因果关系。也就是说，根据功能主义，意识可以界定为输入和输出来定义的功能状态，但布洛克对此提出了否定。设想有个人因为出生之前的 DNA 变异，我们看起来像是绿色呈现的东西，在他看起来像是红色呈现的，而我们看起来像是红色呈现的东西，在他看起来像是绿色呈现的。即常人的红色与绿色的 P 意识内容在他那里是完全颠倒的，但这并不影响他将常人眼里的红花称作红花，尽管在他所见，这朵花的呈现就如绿色那样。他会在他自己看到红色灯亮起，而实际上是绿色灯亮起的时候过马路，并且在他自己看到绿色灯亮起，而实际上是红色灯亮起的时候停在马路边。他的一切功能表现——输入输出都与常人无异，而只是体验到的 P 意识本身遭到了替换。

因此，布洛克认为 P 意识与功能性质无关，P 意识具有其独特的性质，既无法通过词汇的形容来还原，也无法通过物理机制的说明来获得，更无法用功能性质加以描述。对此，内格尔指出："如果经验的主观特征只能从一种观点出发才能完全予以理解，那么向更大客观性的任何转换——即更少地系缚于一种独特的观点——都不会使我们更加接近于现象的真实本质：它将让我们离它更远。"①总而言之，内格尔与布洛克等人试图通过各种思想实验表明，我们只能从现象体验的质的特征本身出发来理解与把握 P 意识的存在，对其进行还原的任何举措都将使我们丧失那种质的体验。

相较 P 意识，针对 A 意识的讨论则少得多。上文提到，A 意识的内容主要包括思维、推理、认知等方面。由于讨论主观体验的时候基本都是以 P 意识为例，因而不少研究者往往错误地将主观体验的范围限定为 P 意识，否认 A 意识也具有主观体验，而将 A 意识归类于无意识的功能执行，这种错误的归类使得人们低估了 A 意识作为主观体验的研究难度，而且，有些人就此认为能够进行所谓"推理"的机器人就可以算作是在 A 意识的程度上实现了机器意识，这无疑是一种荒谬的观点。

---

① 内格尔. 成为一只蝙蝠可能是什么样子. 高新民，储昭华主编. 心灵哲学 [C]. 北京：商务印书馆，2002：115.

　　为了论证 A 意识并不仅仅等同于功能执行，我们可以使用反证法来找出假设该观点成立所造成的矛盾。让我们回想一下怪人（zombie），怪人可以是一台精密设计编程的机器人，它的一切言谈举止以及功能执行都与你相同，唯一不同的在于，它完全没有主观体验，也就是说，它没有视觉等感官感觉体验，也没有感受体验，即它没有 P 意识。根据反证法，我们先假设 A 意识与意识体验无关，仅仅等同于功能执行，因而，在没有主观体验的情况下也可以进行思考与推理，但这无异于说，我们在思想的同时却没有体验到思想。约翰·洛克（John Locke）对此论述道："我们很难想象，一件东西能思想，同时又意识不到那回事。"① "要说任何东西只能思而不能觉其思……说这话的人亦可以根据同样理由来说，一个人永远是饥饿的，却觉不到它。实则，饥饿除了那种感觉而外便无所有，亦正如思想一样，除了自己意识自己思想而外，便无所有。"② 在洛克看来，在我们思考的时候，依然伴随着一种思考的意识体验，如果说存在一种我在思考却没有思考的意识体验，就如同说我在饥饿但却没有饥饿的意识体验一样荒谬。因而，认为 A 意识没有意识体验的观点是自相矛盾的，将 A 意识等同于毫无意识体验的功能执行的假设并不成立，从而反证 A 意识也具有主观体验。希尔勒直接表

　　① 洛克著，关文运译. 人类理解论 [M]. 北京：商务印书馆，2009：74.

　　② 同上，第 80 页。

示："某些人认为感受质只是感觉体验的特征，如看到颜色或是具有痛觉，而思维没有质的特征。据我对这些术语的理解，这种观点是错误的。实际上有意识的思维也有质的感受。"①斯特劳森（Galen Strawson）也表示思维也存在着质的体验："每种感觉模式都是一种体验模式，而且思维体验，就如其他的体验模式一样被认为是一种体验模式。"②就连布洛克自己也特别强调："感受质是感觉、感受、知觉等，在我看来，还包括思想和愿望的经验的性质。"③也就是说，在认知相关的部分之外，A 意识与 P 意识一样有一种主观体验的感受部分，虽然这部分的质的体验往往被人所忽略。

当然，尽管二者都是主观体验，A 意识与 P 意识的主观体验模式却是不同的。这种不同主要体现在公共性上，A 意识的内容同时具有私密性与公共性，如果你刻意隐瞒，我就不知道你的思考内容，而只要你愿意，你就可以将你的思考内容拿来通过言语进行公开交流。而 P 意识则仅具有私密性，就算你想要向我表示你的 P 意识的内容，你也无法通过言语来描述与传达。因此，我们通过是否能在原则上用言语表达来区分 A 意识与 P 意识。内格尔就表示："当我们没有足够的

① J. R. Searle. Consciousness [J]. Annual Review of Neuroscience, 2000, 23（2）：561.

② G. Strawson. Mental Reality [M]. Cambridge：MIT Press, 1994.

③ Ned, Block. Qualia [A]. Guttenplan, Samuel（ed）. A Companion to the Philosophy of Mind [C]. Oxford：Blackwell, 1994：514.

词汇去恰当描述它的时候，它的主观特征就是异常独特的，在某些方面只能用我们这样的造物所能理解的术语加以描述。"他认为，如果火星人或是蝙蝠有人类同等的智力的话，我们可以与他们共同讨论数学或是一系列 A 意识相关的意识内容，但"我们永远不可能奢望用我们的语言提供对火星人或是蝙蝠的现象学的详尽描述"①。就如学习了全部的物理、化学、神经生物学知识的玛丽一样，她可以表达其所拥有的全部物理、化学、神经生物学知识，在听过她的表达后，我们就具有了与她一样的物理、化学、神经生物学知识。但她却无法表达出她所看到的红色的现象体验，我们也无法通过她的表达获得与她一样的现象体验。

在布洛克的分类之外，还有一种分类方式是唯识学里的五蕴分类。唯识学是佛教中的一种宗派，而佛教宣扬的教义就是调制内心。如《金刚经》开宗明义："云何降伏其心。"在其中，唯识学对"心"（mind）的具体分析可谓无人能出其右。其过程往往是这样的：通过禅定修行，清晰地内省到各种意识状态，体验各种识的"相"，然后将其归类，分析这些状态的性质与特点、产生的原因以及条件，理解各种识的"性"，最后结合禅定修行的实际体验讨论对治的原理与方法，努力修行以达到识的"位"。总的来说，唯识学将意识内容分

①　内格尔. 成为一只蝙蝠可能是什么样子. 高新民，储昭华，主编. 心灵哲学 [C]. 北京：商务印书馆，2002：111.

为"色""受""想""行""识"五种类别，并称作五蕴（five aggregates），蕴是聚集的意思，五蕴也就是意识的五种类别。其中，色蕴是感觉体验，主要包括视觉、听觉、嗅觉、味觉、触觉等感官感觉体验；受蕴是感受体验，可以按照佛教教义分为苦受、乐受和不苦不乐受，或是分为躯体感受为主的身受与情感感受为主的心受两种，从科研角度考虑，我们主要采取后一种分类；想蕴的特点是"取相"，主要指概念识别与回忆的相关意识体验，比如迎面走来一个人，你会认出这是人，并且记忆下来下次在不同的场合能认出这是人而不是别的什么；行蕴特点在于"造作"，主要包括一系列自主意识所参与的言语、注意、动机、欲望、意愿、行动等体验，唯识学中"行"与"业"相关，一般分为身业（行动）、语业（言语）和意业（意愿）三类；识蕴主要功能是了别，主要说明了针对意识觉知本身的意识体验及其原理分析。为了便于分类研究，唯识学也将心识分为八识，分别是眼识、耳识、鼻识、舌识、身识、意识、末那识、阿赖耶识，其中的末那识与阿赖耶识尤为重要。

笔者认为，五蕴分类方式比布洛克的分类方式要合理得多，其原因主要在于对感受质的界定上。主观体验所具有的那种意识体验的质性状态，往往也被称作感受质，查尔莫斯认为感受质是辨别有意识状态的关键："我们可以说一种精神状态是有意识的，如果它有一种质的感受——某种关于经验的关联性的性质，这些质的感受也被称为现象的质，或简称为感受质（qualia）。解释这些现象的质的问题就是解释意识的问题。"① 尽管大家都公认感受质问题是理解意识的关键，但对于感受质的具体界定，则存在着截然不同的两种观点：一种观点认为，感受质是意识体验的对象，这种观点强调感受质的"对象性"和"个别性"，即我们的意识体验存在着多种感受质，每种感受质都不一样，如埃德尔曼（G. Edelman）和托诺尼（G. Tononi）就认为："每种可区别的意识体验表征了一种不同的感受质，不管这种感受质是一种感觉、一幅意象、一种思想、还是一种情绪。"② 在他们看来，红色的感受质不同于蓝色的感受质，看到颜色的感受质又不同于听到声音的感受质。而另一种观点则认为，感受质是意识体验的属性，这种观点强调的是感受质的"主体性"和"共同性"，即我们的意识体验具有一种可以被称作是感受质的东西，这种感受质是我们区分有意识状态和无意识状态的关键，如希尔勒（J. Searle）就认为："对于任何意识状态，如感到一种疼痛或是担忧某种经济状况，都可以从质上感受到处于那个状态，在这个意义上说，意识状态是质性的。"③

　　如果将唯识学的五蕴分类方式类比布洛克的分类方式，

---

① D. Chalmers. The Conscious Mind［M］. Oxford University Press，1997：4.

② G. M. Edelman，G. Tononi. A Universe Of Consciousness：How Matter Becomes Imagination［M］. NY：Basic Book，2001：157.

③ J. Searle. Mystery of consciousness［M］. New York：the New York Review of Books，1997：xiv.

可以这样认为，色蕴与受蕴可以类比到 P 意识，而想蕴和行蕴可以类比到 A 意识①，但这些仅仅是构成"对象性"的感受质，而没有考虑到"主体性"的感受质。唯识学的分类方式的独到之处就在于，它不仅在 P 意识的分类之下详细区分了感觉与感受两种不同的类别，还在 P 意识与 A 意识之外指出了识蕴的存在。不难发现，当我们看到红花，或是落日的时候，我们既具有关于颜色感受质的感觉（红的感觉、橘的感觉），同时也有一种感受（舒适的感受、疼痛的感受），而在西方现代心灵哲学中，这二者往往是不做区分的，而唯识学则将色蕴与受蕴做出了明确区分。而根据我们上文对"感受质"概念的分析，八识显然既不属于 P 意识，也不属于 A 意识，它论述的是"主体性"的感受质，即意识的觉知体验的质。"对象性"的感受质强调的是意识体验对象的质，因而现象意识（P 意识）与可达意识（A 意识）的分类属于横向分类，这种分类方式展示了意识体验内容的不同特性，但体验内容的种类是如此之多，将其一一分析并实现显然是一种费时费力的研究策略。相比之下，"主体性"的感受质则强调了所有意识体验共同具有的质，其本质是使意识体验内容表象化的机制，因而属于纵向分类，相比之下，研究意识体验的这种纵向的形成结构，显然是更为合理的研究策略。

---

① J. H. Davis, E. Thompson. From the Five Aggregates to Phenomenal Consciousness: Towards a Cross-Cultural Cognitive Science [A]. A Companion to Buddhist Philosophy [C], 2013: 585-597.

二、意识体验的结构

生活中常有这样的体验——当你处于一个嘈杂的环境中全神贯注地阅读某段文字时，会感觉不到周围噪音的存在，而在专注程度够高的情况下，甚至感觉不到身体方面的触感乃至于轻微的疼痛。可能有某只虫子在啃咬你的皮肤，你却浑然不觉，而突然有人拍了拍你的肩膀提醒了你，使你在专注的阅读中反应过来，你突然感受到被虫咬的疼痛。在同样是被虫咬的情况下，是什么样的机制导致了疼痛感受与否的区别，又如何把握它的一般性质，以此充分地解释意识状态的内容，给予其自然化的说明①，就成为研究的重点所在。

当前医学认为痛觉源自分布在神经末梢的伤害性感受器的运作，这些伤害性感受器可以响应引起伤害的机械刺激、极端温度刺激以及化学刺激，并因此激活和产生神经信号，这些神经信号通过神经递质、基底神经节与皮层区的一路传递，最终形成了我们的触觉体验。但是，这种对物理性质的说明方式当中并没有涉及意识体验时的那种质的体验，就算通过神经递质、基底神经节与皮层区的互动说明了如何产生

① 对意识的说明不需要通过神，或者灵魂这些超自然的东西。自然界是唯一存在的实在，并且所有的现象（包括人类的心灵和意识）都可以用自然的过程来解释。自然主义通常与科学方法和实证主义联系在一起，强调通过观察和实验来获取知识。

疼痛感受的物理机制，也不能就此认为这是对我们的疼痛体验的充分说明。但是，在另外一方面，彻底否认物理性质与意识体验之间的联系也存在着理论困难，神经科学的各项实验表明，对神经系统的刺激确实能影响到意识体验。可以断言，对于客观的神经系统 M 以及主观的意识体验 C 而言，存在着某种性质 P，P 构成了物理性质与意识体验二者鸿沟之间的桥梁。三者的关系如下：

$$神经系统\ M \xrightarrow{（构造）} 性质\ P \xrightarrow{（生成）} 意识体验\ C$$

用计算机系统做比喻的话，神经系统就相当于各种电路板硬件，性质 P 相当于各种编程算法，而意识体验 C 就是最终呈现在我们面前的系统界面。意识体验到的表象内容仅仅是显露在海平面上的冰山一角，而支撑着露出来的冰山一角的，是隐藏在海平面下的整座冰山的绝大部分，而我们需要揭示的，是整座意识冰山的结构。

当然，意识这座冰山过于庞大了，我们只能将其划分为不同的部分进行研究和探讨。就意识体验来说，我们可以不管神经系统 M 的部分，先研究意识体验 C 究竟是如何通过性质 P 生成的。试对比以下三种有意识的情形：

A1：我看到了晚霞

A2：我感到非常愉悦

A3：我想起了一首古诗

如果忽略其中意识体验内容的差异，而寻找其共同的特性，不难发现，这些意识现象都具有如下结构：

意识主体—意识到—意识内容

在这种结构中，意识体验变得拥有一种主体感与自我感，一种对意识体验主体而言是私密的第一人称视角，就像一个突然被意识之光照亮的空间。查尔莫斯将这类特性称作"觉知"（awareness）："事实上，我认为在周遭有这样一个性质，我们能够把它称之为'觉知'。这是一个最一般的心理意识的标牌……一般而言，每当存在现象的意识时，似乎就存在着觉知……任何意识经验都伴随觉知的事实由意识经验的可报告性这一事实而变得清晰起来……这一可报告性即刻隐含着我觉知到相关的感觉。"① 有意识状态和无意识状态的区别就在于前者具备觉知，而后者缺少觉知。罗森塔尔（Rosenthal D. M.）则表示："使一个状态有意识的必要条件是某人通过某种方式觉知到它。"② 李恒威归结说："意识在体验上的首要特性是觉知。"③ 因此，上述结构就可以表述为：

意识主体—觉知到—意识内容

觉知的主要特点就是这种结构性。戴科曼（Arthur J. Deikman）强调，觉知结构比意识内容更为基础，它先于意识内容产生，正是通过意识觉知这一结构，意识内容才得以

① 查尔莫斯著，朱建平译. 有意识的心灵 [M]，北京：中国人民大学出版社，2013：42.

② D. M. Rosenthal. Consciousness，the self and bodily location [J]. Analysis，2010，70（2）：270-276.

③ 李恒威. 觉知及其反身性结构——论意识的现象本性 [J]. 中国社会科学，2011（04）：67.

显现在我们心中①。可以说，正是在这种意识内容必须通过觉知结构才能显现的意义上，休谟才会认为"视、听、判断、爱、恨、思想等一切活动"和"心灵所能施展的任何活动"都归于觉知名下。查尔莫斯对此总结道："觉知的概念把大多数或所有的刚刚列举的各种意识的心理概念囊括其中。内省能被分析为某些内部状态的觉知。注意能被分析为对一对象或者事件的特别高度的觉知。自我意识能被理解为自我觉知。"② 我们可以断定，觉知就是意识体验所产生的原因。

在另一方面，也正是通过觉知结构，我们可以确定不同意识状态之间的整体同构性。因为意识体验的内容千差万别，例如，A1 是对外部世界的觉知，A2 则是对我们内部感受的觉知，A3 是对我们内部思维想象的觉知。尽管这三者觉知的意识体验内容完全不同，但其主体的整体觉知的结构却都是一致的。

通过觉知结构，不同意识个体的意识同构性也可以得到确证，因为，就同类的意识内容而言，我们无法确定我们所觉知的体验内容与其他人的完全相同。例如，尽管我们在日常生活中都用同一个名词来指称同类体验，但我看到的绿色与你看到的绿色就未必一样，色弱者或是超级视觉者的存

---

① Arthur J. Deikman. I＝awareness ［J］, Journal of Consciousness Studies. 1996，3（4）：350-356.

② 查尔莫斯著，朱建平译. 有意识的心灵 ［M］. 北京：中国人民大学出版社，2013：43.

在充分说明了这一点。通过这种对觉知结构的解释，我们便可以确信，尽管我们与其他人对于那个绿色体验的内容在量上可能并不一样，但其在觉知的本质上是相同的。

在觉知的同构性上，唯识等大乘佛教也存在着共识，虽然比起具体的理论描述，他们更多地采用"修证"的方法，即打坐冥想。通常来说，这种方式可以大致分为三类。一类是聚焦注意（focus attention），也就是所谓专注一境，即将注意力集中于特定的意识内容。第二类是正念式静虑（mindfulness meditation），即开放式监督（open monitoring）当下意识发生的一切内容，并对其不予置否，任其流淌，从而"以心观心"，体悟到变幻不居的意识体验背后的觉知状态，并最终达到第三类的"无住生心"的纯粹意识（pure consciousness）状态，也就是所谓禅定状态。在这种状态下，只存在纯粹的觉知，而不再有任何具体的意识内容，或者也可以将其表述为"空"。结合脑电实验来看，专注一境时产生 γ 波，正念时产生 θ 波，而达到禅定状态时则是先产生 α 波再阻断。通过这种修证的方式，我们便可以从各种纷繁复杂的意识状态之中体验到了我们的本觉妙心。当然，大乘佛教接引学人的法门众多，相比唯识宗的打坐冥想，禅宗往往会更倾向于在生活日用中进行接机的公案，让学人"当下体悟"到觉知结构的存在。由此可见，尽管探寻觉知结构的渠道和方式不同，但觉知结构的存在，却是东西方哲学家的普遍共识。

由于意识内容的显现依赖于觉知结构，可以说意识内容本身就是觉知结构的产物，从而依属于意识的觉知结构，在这一角度上，意识与觉知可谓是一致的。查尔莫斯认为，"意识的结构被觉知的结构所反映，并且觉知的结构被意识的结构所反映。我把它们称之为结构一致性原理。"① 而且，我们可以通过这种觉知结构与意识结构上的一致性，将对觉知机制的研究，作为主观体验研究的关联物："假如意识和觉知之间有一致性，那么结论便是：觉知的机制本身就是有意识经验的关联物。大脑中哪一些机制控制着整体的有效性这一问题是一个经验问题；也许存在着许多这样的机制，但是，如果我们接受了一致性原则，那么我们就有理由相信：用来解释觉知的过程同时也是意识之基础的组成部分。"同时，他还认为："关于神经加工的事实可以蕴涵，并能解释觉知结构；如果我们承认结构一致性原则，那么经验的结构也会得到解释。"②在查尔莫斯这种解释模式中，神经机制和觉知结构是一体化的，其结果就是意识内容的显现，三者的关系如下所示：

神经机制————(构造)觉知结构————(生成)意识内容

查尔莫斯认为这种解释模式为大量已有的、关于意识解释的工作提供了一种自然化的说明。而且，这种解释模型具

① 查尔莫斯著，朱建平译. 有意识的心灵 [M]. 北京：中国人民大学出版社，2013：274.
② 查尔莫斯. 勇敢地面对意识难题. 高新民，储昭华主编. 心灵哲学 [C]. 北京：商务印书馆，2002：386.

有普遍性，不仅人类的意识，甚至动物的意识，乃至一切意识个体的意识都可以通过这种模式得到解释。如果外星人有意识的话，虽然它们的神经机制可能异于我们，但为了呈现他们的意识体验内容，就必须具备某种觉知结构，而通过这种觉知结构，也就可以理解并解释它们的意识内容，以及与觉知结构相对应的神经机制构成。而由于可以借鉴的觉知结构在目前就只有我们人类的，因而在此基础上构建的机器意识的体验是大有可能和我们是觉知同构的。

当然，除了觉知之外，我们还拥有语言、推理、想象、记忆等丰富的意识内容，仅仅只有觉知的意识是空洞的，一般处于禅定状态的时候才会只有纯粹的觉知而没有任何具体的意识内容。在日常生活中，我们的意识具有的丰富多彩的内容，是当前的机器所不能媲美的。但是，对于把握意识的本质而言，这些具体的意识内容并不占据核心地位，只有觉知结构才是不可或缺的，具有本质性的，这一点可以参考达马西奥（A. Damasio）的论述。他将意识分为核心意识（core consciousness）与扩展意识（extended consciousness）。核心意识是排除了语言、记忆、推理、注意等各种具体意识功能，只保留了觉知这个最基础的意识功能。从动物到人，从初生的婴儿到成年人，其核心意识的觉知结构都是稳定的。而扩展意识则是基于核心意识之上构建起来的各式各样具体的意识功能。在达马西奥看来，核心意识是产生意识的基础，但仅仅核心意识无法带来如此丰富的意识功能，后者都是由扩展意识所提供的。但是，他也指出，扩展意识并不是一种独立的意识，扩展意识是在核心意识的基础上建立起来的，它们需要核心意识（觉知）的辅助才能显现在我们的意识中。[①]即是说，核心意识类似于一间空荡荡的房屋，扩展意识就如同房间里的各种家具与摆设。扩展意识受损并不会影响到意识整体，多一件或是少几件家具与摆设并不会影响到房间的存在。但核心意识如果受损，扩展意识也会随之消失，就如房屋坍塌了，那些家具和摆设也将没有立足之处。多起神经科学案例表明，诸如面孔识别、长期记忆能力、甚至人格构建方面等各种扩展意识受损的患者在其他方面一如往常，因为负责觉知的核心意识还在正常运作，而一旦处于深度昏迷等丧失觉知的状态中，就会丧失所有的意识功能。由此可见，意识的真正核心之处就是觉知结构，意识研究的关键之处并不在于言行表现，或是物理机制表现，更不在于推理、语言、记忆等高级的意识功能，对于理解"意识"而言，只有觉知结构才是核心所在。

---

① 达马西奥著，杨韶刚译. 感受发生的一切 [M]. 北京：教育科学出版社，2007：13-14.

第二章 机器相关概念辨析

通常认为，机器是由零部件构成的可以变换或者传递能量、物料或是信息的装置。机器可以由动物或者人类驱动，也可以由火力、电力、水力、风力或者是化学反应驱动。尽管早在石器时代，人类就晓得制造并利用工具来进行有目的的做功，然而真正意义上的机器，是近代工业革命后才逐渐诞生的。机器的类别主要分为三类：物料操作型机器、能量操作型机器与信息操作型机器。所谓物料操作型机器是旨在针对各类物料实行各种有目的的机械功，如举重机吊起重物、各类机床加工制造零件、洗衣机通过涡轮带动水流进行洗涤等；能量操作型机器的目的是能量转换，如发电机把热能转化为机械能，最终转化为电能，电灯把电能转化为光能，电磁炉则把电能转化为热能加热食物等；信息操作型机器则是为了完成信息的传递与变换。以下论述所指的机器，主要指的都是信息操作型的机器，即计算机，或是智能机器人。

第一节　机器的类别与特性

参照丹尼特的物理立场、设计立场与意向立场的分类方法，我们也可以从这几个方面针对机器进行分类研究。但是，在正式确证机器意识之前，通过意向立场来解释机器的某些复杂行为显然是不充分的说明，例如，在还没有确证到某个机器人具有意识能力的情况下，我们无法将这个机器人躲开障碍物的原因简单地描述为它想躲开这些障碍物以免被撞上，而只能解释为这个机器人在遵照其所设定的指令而运行躲开障碍物的进程。相对来说，我们就不会将人类躲开障碍物的原因归为是在遵照其所设定的指令而运行神经编码的过程。其中的区别就在于，人类有被确证的觉知意识状态而机器没有。因此，在本章，我们将从物理立场与设计立场两个角度对机器进行考察研究，其所对应的就是物理机器和虚拟机器。

一、物理机器与虚拟机器

所罗门（A. Sloman）认为机器作为一种复杂的持续存在的实体，其内部的各部分之间，以及内部与外部之间存在着因果互动，并以此改变它们的关系与属性。如果不考虑生物的因素，而仅仅考虑物料操作、能量操作以及信息操作这三个因素的话，那么原子系统、DNA、细菌与细胞、大脑、人的身体等都可以算是机器。原子系统产生了物质与能量的转换，DNA 则记录并复制遗传信息，细菌和细胞构造了新陈代谢活动，而我们的大脑和身体也可以看做是一部复杂的仪器。

在这种定义上，所罗门定义了物理机器（physical machine）和虚拟机器（virtual machine）：如果一个机器的运作过程与因果关系可以全部通过物理语言来描述，它就是个物理机器。而相对应地，虚拟机器并不要求有物理实体，丹尼特认为，虚拟机器主要是由规则构成的。"这些临时结构由'规则而非连线构成'，计算机科学家称其为虚拟机器——你在可塑性的对象上加上一组特定的规则后所得到的东西。"①这些特定的规则就如同物理机器中的零部件，它们通过协同合作来让虚拟机器正常运转。所罗门以象棋虚拟机器的例子来解释，他认为，当红方主将被将军时，将主将移开并试图反击，这一过程并不需要任何物理术语来描述，甚至不需要真正存在实际的棋盘与棋子，这个过程完全可以是虚拟的。图灵机（Turing machine）就是一种经典的虚拟机器，简单来说，一个图灵机由信息输入单元、计算单元以及输出单元三部分组成，整个过程由一系列指令构成的机器表来描述，就现代的计算机而言，往往都是通过整合电路板中电路的开和

① 丹尼特著，苏德超、李涤非、陈虎平译. 意识的解释［M］. 北京：北京理工大学出版社，2008：241.

关来代表二进制的 0 和 1，并以这些 0 和 1 构建出一系列指令机器表，最终构造起整套操作指令系统。而且，我们还可以利用这个操作系统再去模拟 0 或 1 的状态，并根据机器指令表构建出一台不存在于物理空间的虚拟的计算机。总之，解释虚拟机器的运作并不需要物理的描述。

需要注意的是，脱离物理术语描述并不是虚拟机器的充分必要条件，我们尤其需要注意区分数学模型与虚拟机器，虽然二者都是抽象的规则，并且都独立于物理实体而存在，但二者存在着明显的区别：数学模型是静态的、不变的，内部各个子状态之间，以及内部状态与外部环境之间没有因果上的交互；虚拟机器则是动态的、变化的，其内部各个子状态之间，内部状态与外部环境之间存在着因果上的交互。[①] 因果性交互是区分虚拟机器与数学模型的重要特征。

由此一来，脱离物理属性的同时又将因果交互关系作为研究对象的功能主义受到虚拟机器的支持者们的热捧。功能主义将系统的因果交互关系抽象为系统的功能来构建解释体系。例如，在功能主义者看来，温度是符合以下状态的一系列性质 M：当一种物体与另一种温度更高的物体发生接触时，它的温度值会增加；而当它与另一种温度更低的物体发生接触时，它的温度值会减小；当温度足够高时，它可以使某些

---

① A. Sloman. How Virtual Machinery Can Bridge the "Explanatory Gap", in Natural and Artificial Systems [Z]. From Animals to Animats 11. 2010: 5.

材料燃烧，而当温度极低时，它可以使得铁变得易碎等等。而后来人们发现，分子的平均位移动能具有一系列性质 P，而 M 和 P 的因果交互关系是一致的，从而就可以通过低阶的 P 来解释 M，同样的情况发生在基因与 DNA 分子的发现中。金在权表示，这就是所谓的功能还原模型（the function model of reduction）①。"功能还原"就是根据 P 与其他性质的关系，特别是由因果或相关关系来表示 P 的特征。②

普特南在《精神状态的本质》之中将意识状态等同于功能状态："我认为疼痛并不是一种大脑的状态，即不是大脑的物理—化学状态，而是整个有机体的功能状态。"③ 因此，意识的运作机制本身也可以看作是具有特殊的因果互动关系的虚拟机器，如丹尼特就认为"人的意识本身是巨大的弥母综合体，我们最好把它理解为一台'冯·诺依曼式的'虚拟机器的运作，这台机器安装在大脑的并行架构中，而这个架构以前并不是为此类活动而设计的。这台虚拟机器的力量，极大地增强了其运行所依靠的有机硬件的基础效能"④。而在另

① J. Kim. Mind in a physical world [M]. Cambridge：MIT Press，1998：97-103.

② 金在权. 心理因果性、还原与意识. 欧阳康主编. 当代英美著名哲学家学术自述 [C]. 北京：人民出版社，2005：234.

③ H. Putnam. The Nature of Mental State [A]. Philosophical Papers [C]. Cambridge：Cambridge University Press，1975：429-440.

④ 丹尼特著，苏德超、李涤非、陈虎平译. 意识的解释 [M]. 北京：北京理工大学出版社，2008：239.

外一处，他再次强调"人类意识也许是在大脑的并行硬件上实现的某种串行虚拟机器的活动"。① 约翰森莱尔德（Johnsonlaird）则提出了更加强硬的观点："任何一种科学的心智理论都必须把心智看作是一台自动机器。"② 众多的科学家和哲学家都认为我们的意识可以类比为虚拟机器，从中可以看出，由虚拟机器的角度来进行研究是深入理解意识本质的一个突破口。而理解与把握机器意识作为一种虚拟机器的运作机理，对于理解与把握意识运作的机理无疑也有着重大的启示作用。

二、虚拟机器的多重可实现性

如果将意识看作是虚拟机器，随之而来的问题是，意识这种特殊的虚拟机器是否只能限定在生物体中？还是也可以在生物体之外的物理机器中实现？如果只能在生物体中实现意识，那么意识与生物脑就是一种一一对应的关系，这与虚拟机器脱离物理机制限制的定义相悖，而且构造机器意识也就成了无稽之谈。

要理清这个问题，需要先弄清"实现"（realization）的

---

① 丹尼特著，苏德超、李涤非、陈虎平译. 意识的解释［M］. 北京：北京理工大学出版社，2008：298.

② P. N. Johnsonlaird. Mental models：towards a cognitive science of language，inference，and consciousness［M］. Cambridge University Press，1983：477.

含义，我们通常称虚拟机器"实现"于物理机器中，也称作"示现"（instantiation）或是"具现"（implementation）。"实现"一词最早在普特南 1960 年发表的《心灵和机器》（*Minds and Machines*）之中被引入哲学讨论。① 金在权宣称，功能主义必须坚持功能的物理实现原则（the physical realization principle of function）：某事物 x 在时刻 t 具有虚拟机器属性 M，且 x 在时刻 t 具有物理性质 P，在 x 中 P 实现 M。

金在权又将这种观点称为"物理实现主义"（physical realizationism），这一观点强调，任何虚拟机器都必须实现在物理系统中，即只有物理系统才能实现虚拟机器，没有非物理的实现者。② 也就是说"实现"强调的是物理机器的重要性，虚拟机器的实现必须通过物理机器来完成。而在另外一方面，上文提到，虚拟机器的功能定义的关键是因果交互关系而非物理材质。结合这两个观点，不难得出结论，虚拟机器在物理层次的"实现"在解释层次上是可分离的。尽管虚拟机器在事实上必须通过物理机器来实现，但在功能解释理论上，只要因果交互上是一致的，具体用什么物理材质来实现虚拟机器是没有限制的，这种性质就称作"多重可实现性"（multiple realizability）。

---

① 金在权著，郁锋译. 50 年之后的心—身问题［J］. 世界哲学，2007（1）：40-52.

② 金在权. 心理因果性、还原与意识. 欧阳康主编. 当代英美著名哲学家学术自述［C］. 北京：人民出版社，2005：236.

"多重可实现性"的说法最早出现于普特南的《心理谓词》，同时也是功能主义兴起的标志。普特南借助计算机的软件与硬件的类比来说明这个概念：同一款软件可以在不同的硬件上安装使用。[①]自19世纪30年代英国数学家巴比奇（Charles Babbage）用齿轮与杠杆等机械部件创造出第一台可以编程的计算机以来，计算机硬件先后经历了电子管、晶体管以及整合电路的更新换代，每一代的计算机在物理材质与性质上差别迥异，但其原理都是共同的——利用硬件构造出开与关的两个状态，并在此基础之上编码来实现图灵机的操作指令集。也就是说，同样的软件设定可以表示不同的硬件状态，以图灵机为例，"10101010"既可以表示抬起左手，也可以表示放下右手。而反过来，同样的一套硬件系统也可以运行不同的软件，同样是图灵机的例子，原先设定硬件状态的开对应于"1"，关对应于"0"，我们也可以将其对调，让开对应于"0"，关对应于"1"，根据设定的方式不同，相同的物理开关模式也可以表示不同的操作指令，随着设定不同，其所实现的虚拟机也相应地不同。

为了理解，我们可以参照一下"算法"与"程序"的概念，算法的本质是确保获得某种结果的步骤序列，而程序则是某种编程语言的有限指令集合。我们可以通过不同的程序

① H. Putnam. Psychological predicates [J]. Art, mind, and religion, 1967（1）：37-48.

运行同一种算法。而对算法而言，如果两种算法仅仅是输入与输出是相同的，我们可以说这两种算法是"弱等价"的。例如，对 $2×(1+1)$ 进行计算，我们既可以先计算 $1+1$，再将结果乘以 2，获得结果 4，也可以利用乘法分配律，将其转变为 $2×1+2×1$，并获得结果 4。这两种算法的处理过程不同，但是结果一样。弱等价也就是输入与输出等价，而若是输入输出之外，处理过程也是一样的，我们才说这两种算法"强等价"。很显然，我们所谓的意识"多重可实现"（即意识也可以在生物体之外的材质中实现），必须是强等价意义上的对觉知机制的实现，而不能仅仅是弱等价意义上的对输入和输出的实现。根据这种多重可实现性，意识很可能不仅仅是生物体的神经细胞所特有的属性，它作为一种虚拟机器，既可以实现在碳基的生物体中，也可以实现在硅基的机械体中。

多重可实现性的提出直接打破了物理还原论的理论还原模型。这种观点认为，所有的科学理论体系，都可以通过桥律（Bridge Law），以一一对应自然类谓词（Natural Kind Predicate）的方式，最终还原为基础的物理科学，而按照多重可实现性，意识属性就不再一一对应还原为物理属性，由此一来，将所有科学统一还原到物理科学的还原模型也就随之破产。但还原论依然还有一种可行的策略，还原论可以宣称，根据多重可实现性，意识属性虽然无法还原为某个特殊的物理属性，但多重实现依然可以还原为多个单一实现的析取。例如，M 具有两个物理实现者 N_1、N_2，M 满足因果条件 C 的所有性质，N_1、N_2 也各自都满足因果条件 C 的所有性质，若具体事物 x 具有性质 M，则 x 将具有 N_1、N_2。金在权指出，关键在于将多重实现看作是命题析取（sentence disjunction）而非谓词析取（predicate disjunction）。前者将"具有 N_1 或 N_2"表达为"具有 N_1 或具有 N_2"，而后者则表达为具有性质"N_1 或 N_2"。金在权把这种化多重实现为单一实现的过程称作"局部还原"。因此，$M(x) \leftrightarrow N_1(x) \cup N_2(x)$ 就可以局部还原表达为 $M(x) \leftrightarrow N_1(x) \cup M(x) \leftrightarrow N_2(x)$，从而多重可实现性就可以作为多个单一实现命题的析取，那么一一对应的方式依然在每个析取支生效。例如，某个事件中，M 中的一个析取项 N_1 充分解释了相应的因果性质，而在另外一个事件中，一个析取项 N_2 也充分解释了相应的因果性质。但如果通过这种方式来进行还原，那么根据奥卡姆剃刀①，M 本身的因果解释效力并不比 N_1 或 N_2 的析取多，M 本身就成为了多余的性质。

因此，这种方式的还原是经不起推敲的，福多（Jerry Fodor）就曾批评道，这种多个一重实现的析取并不是自然类谓词，因而无法通过还原论模型的桥律方法还原为物理机制，科学解释追求的是可被当作定律来充当解释项的似律句（lawlike），而析取式显然不适合这个目的。金在权指出，还

——————————

① 奥卡姆剃刀原理，由 14 世纪英格兰的逻辑学家威廉·奥卡姆提出，简单说就是"如无必要，勿增实体"，即如果两种学说解释效力差不多的情况下，设置多余的解释预设的学说落败，要被剃刀剃掉。

原论还有一种途径可以采用，即把 M 看作是二阶性质的标志词，即 M 指称了一种析取性质，这种性质是一阶性质 N_1 或 N_2 的析取[①]。但这种方案也是无效的，因为其依然回避不了 M 本身并不是一种自然类谓词的事实。无论采取哪种途径，物理还原论模型都失败了。金在权表示："如果坚持把 M 当做一种性质，唯一的方法是把它看作是一种析取性质，这种析取性质由于缺少因果同质性而不能具体化，因而很大程度上并不适合科学理论的目的。"[②]

物理还原论模型的失败也宣告了直接通过物理性质来理解与把握意识的方法的失败。但我们还剩下通过因果关系层面探究意识的途径。然而，在因果关系方面，多重可实现性中的析取问题依然存在。以疼痛的例子来说，我们该如何保证人与外星人，以及有意识的机器人的疼痛是同一种 M，而不是各自的 N_1、N_2 或 N_3？为了解决这个难题，金在权引入了类属的因果个体化原则（Principle of Causal Individuation of Kinds）[③]。这种原则认为，对象或个体属于同一类，或共享同一属性，当且仅当它们具有相似的因果效力。因此，我们就可以根据因果效力而确定多重可实现的是同一类属。结

---

① 金在权. 心理因果性、还原与意识. 欧阳康主编. 当代英美著名哲学家学术自述 [C]. 北京：人民出版社，2005：237.

② 同上，第 238 页。

③ J. Kim，E. Sosa. Supervenience and mind [A]. Multiple realization and the metaphysics of reduction [C]. 1996（16）：309-335.

合疼痛的例子，我们认为，多重实现在人、外星人和有意识的机器人中的"疼"是同一种，因为"疼"就是根据其因果关系获得定义的，这种定义使得"疼"不再受到个体的生理构造乃至物理构造的影响。因此，根据类属的因果个体化原则，不管是人、外星人、有意识的机器人，还是其他智能体所表现的各种各样的"疼"，都属于同一种疼痛的类属，它多重实现在人、外星人、有意识的机器人之中。

综上所述，通过对多重实现性的讨论，我们更进一步地把握了虚拟机器在物理特性之外的因果特性。福多对此形象地描述道："我并不真正认为精神是否物理的问题很重要，更不用说我们是否能够证明它。然而，我想得到因果性地导致我伸手，我痒因果性地导致我搔，我相信因果性地导致我说……"① 正是在因果关系的角度上，意识可以看作是被多重实现在各种物理实体中的虚拟机器。

第二节　机器与意识的三种因果联系

在确定从因果关系角度探究意识的基础上，我们将在本节探讨意识与机器之间具体存在的因果关系。概括地说，机

---

① J. Fodor. Making Mind Matter More [J]. Journal of Philosophy, 1987，84 (11)：156.

器与意识之间存在着三种关系，分别是机器检测意识、机器具现意识、机器融合意识。通过探讨在这三个方面的具体研究进展，我们将进一步把握机器与意识之间的因果关系。

一、机器检测意识

机器与意识的第一重联系就是探测，即通过机器探测意识。由于人类感官的限制和科学对参数精度和准度的追求，我们在探究世界的时候，不可避免地需要利用机器设备。在科研中，我们无法依靠感官和直觉来精确衡量各项物理参数，因而每每借助于各类仪器设备。就目前而言，由于还未确证到机器意识，因而也就没有检测机器意识的物理特征的技术，而针对生物意识的检测技术，常用的有以下几种。

电脑断层扫描（Computed Tomography，CT），由于不同脑组织对 X 射线的吸收程度不同，通过 X 射线扫描大脑，就可以构建出大脑的断层扫描图。

磁共振成像（Magnetic Resonance Imaging，MRI），成像原理类似 CT，其利用的是各脑组织里的氢氧原子核对电磁波吸收程度不同的原理来观测大脑结构。

正电子发射计算机断层扫描（Positron Emission Tomography，PET），主要特点在于需要服用放射性同位素显影剂，而大脑某个功能区域活跃时，会使得该区域血液流动加大，PET 就可以监测到这种变化。

三者相较而言，CT 的空间分辨率高但对软组织等没有密度差的组织成像效果不如 MRI，因而二者常用来互补使用。同时，CT 和 MRI 只能把握静态的高分辨率大脑结构图像，不能观察动态图像，PET 虽然可以观测到动态变化，但在把握大脑结构的分辨率上没有 CT 和 MRI 精确。fMRI（功能性磁共振成像）则可以同时具有 MRI 和 PET 的优点，通过检测脑细胞中血氧变化，从而获得精细的大脑动态结构图。但 fMRI 在时间尺度上具有滞后性，其所测量的血氧峰值比神经信号滞后约 6s 左右，相比之下，脑磁图（Magnetoencephalography，MEG）则直接探测神经电信号产生的磁场变化，在时间精度上比 fMRI 要更为精确。

此外，上述技术的设备都颇为巨大，无法轻易移动与携带，相较之下，更便于携带的脑电波（Electroencephalogram，EEG）也是颇受欢迎的技术。EEG 主要检测大脑运作时的自发节律性神经电活动，在不同的精神状态下产生各种相对应的不同脑电模式。而若是只需要进行简单医疗检查或是进行脑电空间导航等对于检测精度要求不高的情况下，近红外扫描（Near Infrared Spectrum Instrument，NIRS）则是更适合于携带的技术方案，而且，其成本是所有技术之中最为低廉的。

上述这些技术都属于非侵入式的，并不需要进行开颅手术，而在癫痫患者的脑切除手术中往往还会采用脑皮层电图（Electrocorticogram，ECoG），这种侵入式技术可以通过深度电极来记录深层脑部结构如海马体等的活动，同时，由于绕过了颅骨的干扰而直接接触神经元本身，其探测精度可以精确到单个的神经元。

结合上文的论述，我们可以将各种机器检测意识的技术总结为这样一张表格。

技术名称	类型	时间分辨率	空间分辨率	所用原理	成本
CT	非侵入式	极低（静态）	高（毫米）	组织差异	高
MEG	非侵入式	高（毫秒）	低（厘米）	磁场变化	极高
PET	非侵入式	低（分、小时）	高（毫米）	血氧变化	高
fMRI	非侵入式	低（分、小时）	高（微米）	血氧变化	高
EEG	非侵入式	高（亚毫秒）	低（厘米）	头皮电位	低
NIRS	非侵入式	中（秒）	中（厘米）	血氧变化	极低
ECoG	侵入式	高（毫秒）	高（单个神经元）	电位变化	较高

总的来说，开颅手术毕竟存在着手术风险，因而在科研中往往更通行非侵入式的脑成像技术。在非侵入式脑成像技术发展起来之前，人们只能通过解剖患者的尸体，或是开颅手术来检查病变部位，这种时间上的延迟与手术的风险对研究和治疗都是不小的阻碍。人们区分不来那些言行变化是因为癔病之类的心理障碍，还是因为脑组织受损而引起的器质性疾病，而不需要开颅手术又可以实时监控大脑各项指标的

脑成像技术则彻底改善了这一困境。

基于这些技术，研究者们展开了大量的机器探测意识方面的研究。简单来说，机器探测的研究进展大致上分为基层与高层两个层面，所谓基层是指针对神经细胞等意识的物理外部表现的探测，而所谓高层指的是基于基层探测技术的发展，通过解码神经信号的信息来实现对意识内容的探测。

就基层的研究进展来说，具体而言，2018 年 7 月 19 日，大卫·波克（Davi Bock）等人在 *cell* 上发表了通过序列切片透射电子显微镜的成像技术成功绘制出的高清晰的果蝇大脑神经网络图。该项技术可以精确追踪任意一个神经元到其他神经元的路径，从而使得研究者们更容易找到与特定功能相关的神经回路。[①] 而就在不久之后，2019 年 1 月 18 日，高瑞轩（Ruixuan Gao）与阿萨诺（Shoh Asano）两人更是在 *Science* 上发表了清晰度达到纳米级的果蝇大脑成像。该研究主要基于两种显微技术，一种是诺贝尔奖获得者白兹格（Eric Betzig）教授的晶格层光显微镜（lattice light-sheet microscope）技术，该技术可以用 3D 的方式对敏感的活细胞的快速亚细胞动力学进行成像；另一种是博伊登（Edward S. Boyden）教授的扩张显微镜（expansion microscopy）技术，该技术可以通过化学方式将大脑样本像气球一样膨胀至

---

① Z. Zhihao，L. J. Scott，P. Eric. A Complete Electron Microscopy Volume of the Brain of Adult, Drosophila melanogaster ［J］. Cell, 2018，174（3）：730-743.

平时的四倍。高瑞轩与阿萨诺两人试图将两种显微技术结合起来，快速实现大面积脑组织的详细图像，从而将机器探测意识的精确度提升到新的量级。[①]

而在高层方面的成果，最引人注目的当属机器"读心术"。1981年的诺贝尔医学奖得主休贝尔（David H. Hubel）和卫斯理（Torsten Wiesel）的研究表明，视觉处理是逐级分化的，从视网膜开始，到外侧膝状体（lateral geniculate nucleus，LGN），再到初级视觉皮层V1经过初步处理得到边缘和方向特征信息，然后通过分化的背侧和腹侧通路分别得到形状和位置的特征信息。他们同时发现，神经细胞通过放电频率来表征视觉信息特征，例如初级视皮层的某个神经细胞对某个空间位置上垂直方向的线条产生了强烈放电，而其他位置或是水平方向的线条的放电频率则大幅下降，甚至不放电。根据这种原理，通过机器读取我们处于某种视觉状态下的神经元的放电模式并通过机器学习算法进行相应的解码，就形成了所谓的"读心术"。

具体而言，早在上世纪90年代，丹阳（Yang Dan）[②] 与

---

① Ruixuan Gao，Shoh Asano，Upadhyayula，Srigokul. Cortical column and whole-brain imaging with molecular contrast and nanoscale resolution［J］. Science，2019，363（6424）.

② Yang Dan，J. M. Alonso，W. M. Usrey. Coding of visual information by precisely correlated spikes in the lateral geniculate nucleus［J］. Nature Neuroscience，1998，1（6）：501.

斯坦利（Stanley）① 等人就尝试着通过神经元放电模式来重现视觉场景，由于当时尚未使用 fMRI 技术采集数据，因而最后结果差强人意。2001 年的 *Nature* 杂志中，罗格赛西斯（Logothetis）等人深入探讨了神经放电活动与 fMRI 信号之间的关系。② 同年，Haxby 等人通过机器学习算法，让机器通过识别 fMRI 的特征模式来判断被试看到的是人脸、猫、剪刀、椅子、瓶子、鞋子、房子等 8 个类别中的哪一类图像，其准确度达到了 96%。③ 而后在 2005 年，日本京都 ATR 计算神经科学实验室神谷（Yukiyasu Kamitani）和美国 Vanderbilt 大学的弗兰克（Frank Tong）合作发现人脑中有个区域对线条和边缘敏感，他们让被试者观看各种方向的线条，并提取相应的 fMRI 特征信息，并通过解码这些信息成功指出了被试所看到的线条方向。④ 然后到了 2008 年，加兰特

---

① G. B. Stanley. Reconstruction of natural scenes from ensemble responses in the lateral geniculate nucleus [J]. Nature Reviews Neuroscience，1999，19.

② N. K. Logothetis，J. Pauls，M. Augath. Neurophysiological investigation of the basis of the fMRI signal [J]. Nature，2001，412 (6843)：150.

③ J. V. Haxby，M. I. Gobbini，M. L. Furey. Distributed and Overlapping Representations of Faces and Objects in Ventral Temporal Cortex [J]. Science，2001，293 (5539)：2425-2430.

④ Y. Kamitani，F. Tong. Decoding the visual and subjective contents of the human brain [J]. Nature Neuroscience，2005，8 (5)：679.

（Gallant）的团队开发的全新的解码算法突破了仅仅只能解码少数类别或是图像方向等限制，从而可以在 120 张图片中识别出被试看到的是哪一张。[①] 而后 2009 年，布劳威尔（Brouwer）则解码了视皮层中与颜色相关的信号并成功再现出了被试所看到的颜色。[②] 2011 年，加兰特团队再接再厉，克服了以往研究的一个局限：以往的研究往往通过血氧依赖水平（Blood Oxygen Level Dependent，BOLD）信号来间接反映神经元信号，这里默认的假设是，只要相应的神经元被激活了，BOLD 信号就会开始增加，但实际上二者并不同步，BOLD 信号要比神经活动慢一些，例如 BOLD 信号峰值就比神经活动的峰值慢 6 秒左右。在瞬息万变的意识变化中，这种滞后无疑增加了机器再现意识内容的难度，而加兰特的团队通过他们的运动—能量编码模型（motionenergy encoding model）克服了这个难题。为了证明方法的有效性，他们通过让被试观看 7200 秒的电影来训练他们的模型，然后用一个全新的 540 秒的电影来测试这个模型。[③] 除此之外，纳赛拉里斯

---

① S. Kerri. Brain Decoding：Reading Minds［J］. Nature，2013，502（7472）：428-430.

② G. J. Brouwer，D. J. Heeger. Decoding and Reconstructing Color from Responses in Human Visual Cortex［J］. Journal of Neuroscience，2009，29（44）：13992-14003.

③ S. Nishimoto，A. Vu，T. Naselaris. Reconstructing Visual Experiences from Brain Activity Evoked by Natural Movies［J］. Current Biology，2011，21（19）：1641-1646.

（Naselaris）等人也提交过类似研究。① 除了视觉方面，在听觉方面和梦境方面也采用了类似的原理来实现机器"读心术"。2013 年，日本的科学家崛川（Horikawa）采用了与加兰特等人类似的方法来读取梦境，他们让被试在仪器中睡觉，并且定时叫醒他们并让被试回忆梦中的内容，包括哪些类别，如男人、女人、汽车、文字等。然后他们将这些类别与 fMRI 采集到的信息一起拿去训练其模型。崛川表示，他们的模型对被试梦中出现的类别的识别率达到了 60%，该研究最终发表在了当年的 Science 杂志上。②

尽管在技术方面发展喜人，但是机器探测意识还存在着三个难题：第一个难题是关于测量目标的精度，意识是由大量神经细胞发放所产生的系统性现象，其中既有关于目标意识内容相关的神经发放，也存在着大量不相干的意识内容的神经发放，甚至是无意识的神经发放。这些神经细胞发放的信号是同时被仪器检测到的，而我们对神经信号与意识关系的理解还十分有限，这就使得我们的测量和建模未必能抓住所有必需的参数。为了研究的便利，我们只能依靠自行摸索出的某个局部区域的几个特征参数来对应到目标意识内容，

---

① T. Naselaris，R. J. Prenger，K. N. Kay. Bayesian reconstruction of natural images from human brain activity [J]. Neuron，2009，63（6）：902-915.

② Horikawa T，Tamaki M，Miyawaki Y. Neural Decoding of Visual Imagery During Sleep [J]. Science，2013，340（6132）：639.

但是，意识是大脑的全局性神经运作的产物，意识并不存在于哪个具体的脑区内，因而这种只捕捉局部区域的特征参数的方式自然也就会遗漏些什么。就视觉再现的例子而言，可能因为受到数据精度的限制而导致两幅类似场景所对应的数据几乎一致，从而使我们不能从中分辨出到底哪幅图像才是本来的刺激图像。在这种情况下，数据的精度限制无疑增加了重建视觉内容的难度。

随着科学技术的发展，探测精度方面的难题迟早会有得到彻底解决的一天，因而探测精度方面的难题并不足以对机器探测意识产生威胁。更深层的难题在于伦理与法律层面。例如，出于技术需要而安装的侵入式设备是否符合医学伦理？当前的机器意识探测技术出于伦理以及可能对神经系统造成损伤的风险考虑，往往只能使用不需要开颅的非侵入式设备来采集数据，相较侵入式设备，这种方法所采集到的数据精度自然是不如前者的。按照医学伦理，开颅手术需要基于双方自愿的情况下方能进行，而机器探测意识的伦理问题在开颅之外的更深层，就算使用非侵入式设备也面临着同样的问题——在未经被探测者本人同意的情况下，用机器探测意识往往会被认为是不道德的。在另外一方面，在患者个人不能表态的情况下就禁止对其进行探测也会遇到这样一个现实性的问题：现代医学将脑死亡作为判断个人死亡与否的标准，而植物人状态就处于这一定义中的生与死的边缘——植物人双眼可以睁开，视线也会移动，并且偶尔也会微笑或是哭泣，但现代医学界认为这些都只是无目的的反射性动作，在临床上植物人是完全不具备意识的。但是，其实还存在着另外一种叫闭锁综合征的状态，患者存在着意识觉知，但是无法对外表现，其行为表现和一般的植物人状态并无区别，这类患者往往就因为被误判为是植物人状态而只受到最低等级的治疗，更为严重的是，其亲人在失去希望后往往只能选择放弃治疗甚至安乐死。据统计，截至 2006 年，这种误判率甚至高达 43%。为了区分彻底的植物人状态与闭锁综合征状态，剑桥大学的神经学家阿德里安·欧文（A. Owen）提出了一种方法，他向一位被宣判处于植物人状态的女子提出了几个问题，并告诉她，当想回答"是"时就想象自己在打网球，而想回答"否"时就想象自己在家中走动，并对她进行了 fMRI 扫描。由于想象打网球会激活运动皮层，而想象在房间走动则会激活负责空间记忆的海马体，在提出问题后，那位女子的两个脑区激活模式都与常人惊人的相似，而这一发现无疑点燃了其亲人的希望，从而选择了积极的治疗方案，而这一选择可能就可以改变该女子的命运。① 事实上，史上首个被进行脑部扫描的植物人凯特·班布里奇（B. Kate）就由于欧文的发现而在积极的治疗方案之后两个月内成功苏醒。除了道德方面的考量，窥测意识内容在法理方面的考量，也是一个值

---

① A. M. Owen，M. R. Coleman，M. Boly. Detecting Awareness in the Vegetative State [J]. Science, 2006, 313（5792）：130-138.

得商榷的问题。可以设想，这种技术发展之后，有可能会被有心者利用，作为维护其统治的工具，如用以检测其统治下的臣民是否犯了"思想罪"。而在另外一方面，这个技术也可以让那些试图说谎来逃避罪责的罪犯无所遁形，甚至直接在脑部读出罪犯的犯罪计划，从而节省大量破案所耗费的人力物力。由此可见，无论是伦理还是法律方面，机器检测意识技术都充满争议。

最后一个难题是关于认知封闭性（cognitive closure）的，直观的意识内部体验是对外封闭的，例如看到红色的那种感觉、喜悦的感受等，这些直观的质的意识体验无法通过仪器从外部探测获得，仪器所能测量到的，只能是外部的神经细胞的发放情况、各个脑区的活跃程度等。麦金（Mcginn）认为，由于我们特有的意识认知能力的限制，使得我们无法理解到意识现象以及与其相关的神经刺激之间的因果联结。由于认知封闭性，尽管我们理解通过超声波感知外部环境的原理，但却无法获得蝙蝠的那种直接质的感受，同样地，由于认知封闭性，我们也无法通过理解神经系统的活动来直接体验到意识的感受质。

但是，就科研的一般意义来说，科研测量的目标既不是为了获得仪器上显示的数据的那种质的感受，也不是为了获得测量对象的质的感受，而是为了获得脱离这种质的感受的抽象数据，并根据这些数据推理出的该现象背后的一般原理。拿光学研究的过程来说，人类的可见光只是光谱中的一部分，人类无法获得不可见光的质的感受。但是，人们通过机器探测到光的物理数据，并从中发现了光的一般规律，构建了一般化的光谱理论，使得人们不仅可以认识到可见光的一般性质，并且由此把握到了不可见光的一般性质。同理，机器探测到的虽然只是大脑的数据，但这些数据与意识体验的内容有着因果对应关系，我们可以通过筛选、比较这些数据，从中发现神经系统和意识状态相关联的一般原理。上文提到的"读心术"的相关技术发展就是很好的佐证。因此，在建构科学的理论方面，认知封闭性可能并不能造成真正的困难。

由此可见，机器检测意识方面的困难主要在于伦理和法律方面，而不论是探测精度还是认知封闭性的困难，都是属于可以通过技术发展来解决的。而技术发展同时也是机器具现意识与机器融合意识的基础所在。

二、机器具现意识

机器与意识的第二重关系就是具现，也就是机器的意识实现，即通过机器运行各类意识能力，这是机器意识所要实现的主要目标之一。根据具现方式的不同，我们主要将具现的类型分为脑智外现的具现与觉知内显的具现。

所谓脑智指的是以环境认知、语言对话、情感表达、计算推理、规划决策等为代表的能力表现，这些表现多与智力相关。外现则着重强调这些脑智表现，都是在第三人称视角下的，相对于第一人称视角的意识体验而言，是属于外在的、公共的。在其表现形式方面，除了传统计算机所具有的推理、计算能力之外，同时也偏重于语言能力、想象能力、情感能力和自我反思能力等脑智特征的实现。亚历山大（I. Aleksander）等人甚至提出将表述能力、想象能力、注意能力、计划能力和情感能力五项特征作为测试机器是否具有意识的特征公理。①

　　具体而言，在情感表现方面，人工智能之父明斯基（Marvin Lee Minsky）在《心灵的社会》（*Society of Mind*）中提到：问题并不在于智能机器是否有情感，而是没有情感的机器怎么能算是智能的？在 1997 年，皮卡德（R. W. Picard）首次提出情感计算（Affective Computing）概念，即让机器具有类似于人一样的观察、理解和生成各种情感特征的能力，最终使得机器可以像人一样进行自然而生动的交互。② 皮卡德强调，基于偏重于认知计算而忽视情感方面的现状，提出情感计算并不是为了构建仅仅具有情感功能的机器意识，而是为了达到一种平衡，而且，在人机交互 HCI（human-computer interface）的意义上，识别情感也是必须

---

　　① I. Aleksander，B. Dunmall. Axioms and Tests for the Presence of Minimal Consciousness in Agents I: Preamble [J]. Journal of Consciousness Studies，2003，10（4-5）：7-18.
　　② R. W. Picard，S. Papert，W. Bender. Affective Learning—A Manifesto [J]. Bt Technology Journal，2004，22（4）：253-269.

的。她与派珀德（S. Papert）、本德（W. Bender）等人在 MIT 媒体实验室，对各种情感机器人研究做出过总结。皮卡德团队的研究大抵上侧重于情感的面部表情识别、语音识别及其生理特征识别，其他人则在情感实现方面做出了多方面的尝试。在情感计算模型方面，胡得利卡（E. Hudlicka）提出了关于情感与意识的相关计算模型。[①] 而在情感的机器实现方面，日本研究者林（E. Hayashi）则开发了基于模拟多巴胺系统的会趋利避害的情感机器人，并给出了一些模仿行为的实现。[②]

在语言能力表现方面，主要分为机器翻译、言语识别与机器对话三个研究方向。机器翻译是利用计算机将一种自然语言（源语言）转换为另一种自然语言（目标语言）的过程。早在 1933 年，苏联科学家彼得·托杨思基（Peter Troyanskii）就曾向苏联科学院提交了《用于在将一种语言翻译成另一种语言时选择和打印词的机器》，但其并未能有机器实现。1947 年，美国科学家沃伦·韦弗（Warren Weaver）和英国工程师布什（A. D. Booth）在讨论计算机的应用范围时，提出利用计算机进行语言自动翻译的想法，而后在 1949 年 7

---

① E. Hudlicka. Challenges in Developing Computational Models of Emotion and Consciousness [J]. International Journal of Machine Consciousness，2012，01（1）：131-153.

② E. Hayashi, M. Shimono. Design of Robotic Behavior that Imitates Animal Consciousness[J]. Artificial Life & Robotics，2008，13（1）：203-208.

月，韦弗发表了其著名的备忘录《翻译》，正式提出机器翻译的思想。①

简单来说，机器翻译的策略主要可以划分为基于规则（Rule-Based）和基于语料库（Corpus-Based）两大类。传统的机器翻译往往使用基于规则的策略，这种策略由词典和规则库构成知识源，特点在于需要事先输入各种规则，灵活性与成长性都不如基于语料库的策略。基于语料库的策略由经过划分标注的语料库构成知识源，既不需要词典也不需要规则，而是以统计规律为主。随着近年来深度学习的研究取得较大进展，语料库策略中基于人工神经网络的机器翻译（Neural Machine Translation）逐渐兴起，这种技术本质上就是通过一个拥有海量结点的深度神经网络和大量的语料库进行训练，让机器自主地从语料库中学习翻译知识，而不需要事先一一设置好规则。

基于语料库的方法又分为基于统计（Statistics-based）的方法和基于实例（Example-based）的方法。由于基于实例的方法所需语料库过于庞大，因而目前普遍采用的都是基于统计的方法。在研究文献上，布朗（Brown）提出了基于统计

① 周海中. 机器翻译 50 年［A］. 黄国文，张文浩. 语文研究群言集［C］. 广州：中山大学出版社，1997.

方法的机器翻译途径①，并且引起了大量的争论②。奥奇（F. J. Och）则提出了最小错误率的基于统计的机器翻译模型。③ 博加尔（Bojar）等人则整理了 2009 至 2013 年基于统计的机器翻译的文献综述。④

除了机器翻译，言语识别也是近年来热门的研究方向，尤其是言语识别中的语音识别。就研究进度而言，安吉尔（L. Angel）提出了一种基于主体语言的有意识机器的体系结构。⑤ 奥古斯汀（V. Agustin）和费诺（M. Ferno）等人则发表了一份关于内部言语（inner speech）的研究综述，详细讨论了内部言语的本质及其相关功能。⑥ 雷舍（E. Lesser）和海客能（P. Haikonen）等人给出了基于言语和感知、认知的机

---

① P. F. Brown，J. Cocke，S. A. D. Pietra. A statistical approach to machine translation [J]. Computational Linguistics，1990，16（2）：79-85.

② P. F. Brown，S. A. D. Pietra，F. Jelinek. Erratum to：a statistical approach to machine translation [J]. Computational Linguistics，1991，17（2）：739-753.

③ F. J. Och. Minimum error rate training in statistical machine translation [Z]. Proceedings of the 41st Annual Meeting of the Association for Computational Linguistics，2003.

④ O. Bojar，C. Buck，C. Callisonburch，et al. Findings of the 2013 Workshop on Statistical Machine Translation [Z]. Proceedings of the Eighth Workshop on Statistical Machine Translation，2013.

⑤ L. Angel. How to Build a Conscious Machine [M]. Boulder：Westview Press，1989：320-322.

⑥ V. Agustin，M. Ferno. Inner Speech：Nature and Functions [J]. Philosophy Compass，2011，6（3）：209-219.

器意识架构。① 斯蒂尔（L. Steel）开发了可以根据给定场景中的对象进行互相对话的机器人②，在其后续研究中，在没有实现预设语法程序的情况下，斯蒂尔的机器人还可以在不断的彼此对话中自行掌握语法。③

在想象能力表现方面，克劳斯（R. Clowes）和克里斯理（R. Chrisley）等人做出了关于机器意识的涉身和想象方面的综述。④ 斯图亚特（S. Stuart）则在躯体想象方面做出了研究，他强调，要在真正意义上实现机器意识，与世界的涉身交互是必须的，因而躯体想象是必须研究的重点问题。⑤

在计算能力表现方面，借助于深度神经网络，DeepMind公司的 AlphaGo 围棋机器人通过深度学习，将蒙特卡罗搜索树（MCTS）和价值网络相结合，从而计划出在棋盘上下一

---

① E. Lesser，T. Schaeps. P. Haikonen. Associative Neural Networks for Machine Consciousness：Improving Existing AI Technologies [A]. IEEE Convention of Electrical & Electronics Engineers in Israel [C]. New York：IEEE，2008：011-015.

② L. Steels. Language Games for Autonomous Robots [J]. IEEE Intelligent Systems，2001，16（5）：16-22.

③ L. Steels. Language Re-Entrance and the Inner Voice [J]. Journal of Consciousness Studies，2002，10（4-5）：173-185.

④ R. Clowes，S. Torrance，R. Chrisley. Machine Consciousness：Embodiment and Imagination [J]. Journal of Consciousness Studies，2007，14（7）：7-14.

⑤ S. A. J. Stuart. Machine Consciousness：Cognitive and Kinaesthetic Imagination [J]. Journal of Consciousness Studies，2007，14（7）：141-153.

个落子的位置权重，在被认为是机器无法胜过人类的围棋领域打败了人类棋手中的世界冠军。

除了上述几个只实现了单一或少数脑智特征能力的机器人，值得注意的还有综合了情感、想象、环境认知等多方面脑智特征的机器人。如加梅斯等人的 CRONOS 机器人、布鲁克斯（R. Brooks）和布里吉尔（C. Breazeal）等人研发的 COG 机器人、契里亚（A. Chella）等人研发的 CiceRobot，还有亚历山大等人开发的仿脑机器人核心架构。CRONOS 通过躯体和环境的相关关系，建立内部模型进行环境认知；① COG 机器人则侧重于关节注意机制、情感表现等方面的研究；② CiceRobot 机器人可以通过想象能力与外部环境输入的视觉感知材料相比较来引导行为；③ 亚历山大的仿脑机器人核心架构基于神经表征模组（Neural Representation Modeller NRM）而运行，可以同时满足亚历山大提出的五条机器意识

① D. Gamez，R. Newcombe，O. Holland. Two Simulation Tools for Biologically Inspired Virtual Robotics [A]. Proceedings of the IEEE 5th Chapter Conference on Advances in Cybernetic Systems [C]. New York：IEEE，2006：85-90.

② R. A. Brooks，C. Breazeal，M. Marjanović. The Cog Project：Building a Humanoid Robot [A]. Computation for Metaphors，Analogy and Agents [C]. Berlin：Springer-Verlag，1999：52-87.

③ A. Chella，M. Liotta，I. Macaluso. CiceRobot：a cognitive robot for interactive museum tours [J]. Industrial Robot，2007，34（6）.

特征公理。①

所谓觉知内显，即以觉知结构为基础的意识内部体验显现，主要致力于构建或是模拟觉知结构，从而利用该结构的运作产生第一人称视角下的意识内部体验。相较而言，具现脑智是容易的，因为其只需要实现某些既定的言语、行为表现，工程师们只需要将其化为一系列可操作的计算术语就可以在机器上实现，这与以往的机器设计在本质上是相同的，而且并不需要涉及真正的意识运作机制。而具现觉知是困难的，因为研究者们至今未能把握觉知的具体结构，因而工程师们也就不能将其化为一系列可执行的指令。此外，研究者们更是被意识体验的那种质的特性所困惑，甚至据此质疑机器能实现觉知的可能性。哈尔纳德（Stevan Harnad）在《机器会有意识吗？机器如何才能有意识？》（*Can a Machine be Conscious? How?*）一文中就认为意识在感受质的问题上始终是不可被认知的：我们的正向和逆向工程只能解释其机制如何运行，而不是我们如何感受事情，这也是为什么就算所有的认知科学方面的工作都完成了，机器的幽灵依然萦绕着我们。② 苏珊（Susan Blackmore）在更早的一篇文章中宣称寻求人工意识是对机器人研究的误导（red herring），通常的

① I. Aleksander. Why Axiomatic Models of Being Conscious? [J]. Journal of Consciousness Studies，2007，14（7）：15-27.

② S. Harnad. Can a Machine Be Conscious? How? [J]. Journal of Consciousness Studies，2003（10）：69-75.

人类意识觉知是一种错觉，更确切地说，是一种"由密母（meme）创造的方便它们传播"的错觉，她认为我们人类是唯一能让密母（meme）进化的生物，因此创造一个有同样错觉的机器主体是不可能的。[①] 普林茨（Jesse Prinz）在《明智的神秘主义和人工的体验》（*Level-Headed Mysterianism and Artificial Experience*）中提出，我们可以给出许多关于意识觉知的必要条件或是充分条件，但无法给出一个充分必要条件，而这个充分必要条件才是通过机器实现意识觉知的理论根据。这是一种神秘主义的观点，但这种观点并不妨碍提出描述意识觉知体验的可能的假说，在其所提出的假说中包含了一系列的解释层次、算法层次、神经实现层和心理文件等。我们能够在不同抽象程度上描述意识的关键性质，但难以精确地确定哪一层次构成了意识觉知，同时也难以确定这一构成中的充分必要条件。[②] 按照他的构想，就算我们在众多假说中真的提出可以构建机器意识的假说，我们也无法确证它们是否真的有意识。

当然，构建意识的科学过程也并不全是那么绝望的，范·弗拉森（Bas Van Fraassen）在《科学的形象》发表过这样的见解："科学活动是建构的，而不是发现：是建构符合现

---

① 苏珊著，耿海燕、李奇等校译. 意识导论［M］. 北京：中国轻工业出版社，2008：20.

② J. Prinz. Level-Headed Mysterianism and Artificial Experience［J］. Journal of Consciousness Studies，2003，10（4-5）：120.

象的模型，而不是发现不可观察物的真理。"① 他指出，科学
理论应具有"经验适当性"："如果理论关于世界上可观察物
和事件的描述是真的——确切地说，如果理论'拯救现象'，
那么理论在经验上就是适当的。精确一些地说就是，这样的
理论至少有一种模型，使得所有实际现象都可以填充进去。"②
因此，只要构建出一套合理的足以说明各类意识现象体验的
意识模型，我们便可以认为这是一套合理的意识科学理论模
型，在我们的生物意识业已存在的前提下，至少存在一种可
被实现的解释意识现象的理论模型，而这套模型只可能是关
于觉知机制的模型。通过这套意识模型在机器中的具现，我
们就可以确定机器在觉知内显意义上实现了意识。

三、机器融合意识

　　机器与意识的第三种关系便是机器与意识的融合，又称
作脑机融合。脑机融合研究是位于机器意识和神经科学交叉
领域的一个比较重要的前沿研究方向。其兴起主要是基于以
下几个方面的考量：第一，机器智能和人类意识彼此都具有
对方所不擅长的优势。机器擅长于快速精确计算、海量记忆
存储、快速检索信息等，而且在高速运动、飞行、深海探索

---

　　① 　范·弗拉森著，郑祥福译. 科学的形象［M］. 上海：上海译
文出版社，2002：6.
　　② 　同上，第16页。

和宇宙探索等对人类身体有所限制的环境下也可以进行自如行动；而人类意识则擅长快速学习、抽象想象、创造性思维等，脑机融合研究则可以将双方的优势互相结合，从而实现人类智力的进一步开发，以及让机器在某种程度上实现意识能力。第二，脑机融合研究可以为某些残障人士提供更为接近其原本器官的功能上的替代物。例如，直接链接到脑部的反馈电路使得肢体残障人士可以对机器义肢拥有和原本肢体类似的感受，也可以借助摄像摄影设备让盲人恢复部分视觉，随着研究水平的提高，甚至可以让患有癫痫、帕金森病等脑部疾病的患者更换相关脑区的功能替代物，从而得到康复。

总的来说，脑机融合的可行性主要体现在：首先，机器通常使用电信号来处理信息，而大脑的神经信号主要采用的也是电脉冲信号的方式，在这一点上二者存在着共同点；其次，大脑的各个区域存在功能分工，如负责语言、负责视觉、负责运动等，因而可以针对性地采集特定功能区域的神经信号并将其与人工设备进行信号对接，在掌握其具体功能后，便可以研发该部位的功能替代物；最后，大脑本身具有可塑性，可塑性在将来自人工设备的信号和神经信号建立起联系的过程中起着重要的作用。

通常而言，脑机融合主要分为两个方向：一是从机到脑，即通过各种人工设备产生电子信号来刺激大脑，以传输某些特殊的感觉信息，或是模拟某些特殊的神经功能，这方面的典型代表是人工耳蜗，而随着其技术发展，这方面的成果还将包括恢复盲人的视力，使机器义肢拥有触觉，以及治愈帕金森病和癫痫等。二是从脑到机，即通过大脑的原生信号来操控人工设备，这方面比较著名的应用是利用运动皮层的神经信号来实时控制机器的运动，其未来可以发展为直接通过脑信号进行虚拟现实的交互，脑电操控机器躯体等。

脑机接触手段通常也称作脑机接口（Brain-Machine Interface，BMI），其主要分为侵入式和非侵入式两种。参考上文对于机器探测意识的介绍，侵入式指的是通过外科手术，直接在大脑皮层植入电极，这种方式可以最高效地采集神经信号和发放信号刺激，但风险较大，有可能对大脑造成不可逆的影响，因而目前主要以动物实验为主；而非侵入式则采取风险相对较小的传统的表层信息采集技术，常用的有 EEG、fMRI、MEG、NIRS、PET 等。

在研究文献方面，巴赫（P. Bach）、克塞尔（S. W. Kercel）等人在大脑可塑性和感觉替代方面做了相关研究。[①] 尼尔斯（B. Niels）、科恩（L. G. Cohen）针对非侵入式的脑机融合所使用的各项技术在中风患者和肌肉萎缩症的患者的临床应用方面也做了详细的研究。[②] 克里斯坦

---

① P. Bach-Y-Rita，S. W. Kercel. Sensory substitution and the human-machine interface［J］. Trends in Cognitive Sciences，2003，7（12）：541-516.

② B. Niels，L. G. Cohen. Brain-Computer Interfaces：Communication and Restoration of Movement in Paralysis［J］. The Journal of physiology，2007，579（3）：621-636.

（H. Christian）和汤加（S. Tanja）在他们对于神经信号的语音识别技术所做的综述中评述分析了不同的脑成像技术使用自动语音识别技术来识别神经信号中语音的潜力。[①] 值得注意的是列别德夫（M. A. Lebedev）和尼克列利斯（M. A. L. Nicolelis）等人的研究，他们对脑机结合做了比较全面的综述，并且给出了分类路径图和操作原则。[②]

在具体的技术实现方面上，蔡平（J. K. Chapin）等人用人工神经网络算法将实验鼠的运动皮层的神经集群电信号转换为按压水泵的机械臂控制指令，首次实现了大脑对外部设备的直接控制。[③] 霍赫贝格（L. R. Hochberg）、巴彻（D. Bacher）等人则成功地使得因中风而四肢瘫痪的患者通过意念控制完成了通过机械臂抓取杯子的喝水行为。[④] 类似的，梵思汀塞尔（M. J. Vansteensel）等人的团队成功地使得患有晚期肌萎缩侧索硬化（Amyotrophic Lateral Sclerosis ALS）

---

① H. Christian，S. Tanja. Automatic Speech Recognition from Neural Signals：A Focused Review［J］. Frontiers in Neuroscience，2016，10（429）：1-7.

② M. A. Lebedev，M. A. L. Nicolelis. Brain-Machine Interfaces：Past，Present and Future［J］. Trends in Neurosciences，2006，29（9）：536-546.

③ J. K. Chapin，K. A. Moxon，R. S. Markowitz. Real-Time Control of a Robot Arm Using Simultaneously Recorded Neurons in The Motor Cortex［J］. Nature Neuroscience，1999，2（7）：664-670.

④ L. R. Hochberg，D. Bacher，B. Jarosiewicz. Reach and Grasp By People with Tetraplegia Using a Neurally Controlled Robotic Arm［J］. Nature，2012，485（7398）：372-375.

的荷兰女患者使用意念进行拼写，从而实现对外交流。[①] 卡波格罗索（M. Capogrosso）最近发表在 *Nature* 上的研究更是成功地将神经信号解码并且通过机械装置中转后对脊椎发放信号从而直接让猕猴瘫痪的后肢恢复运动能力。[②]

就脑机融合与意识觉知的关系来说，脑机融合方面研究的首要目的并不是让机器去实现意识觉知，但是，在具体的研究实践中，脑机融合必须得理解把握意识与大脑的具体运作机制，并且不断地调整与意识对接的机器的相关参数以提高精确性，这些无疑都对机器的觉知意识研究有着促进作用。因此，脑机融合研究对于机器意识也是不可或缺的。

需要注意的是，不论是机器探测意识，还是机器具现意识，抑或是机器融合意识，都必须涉及物理方面与意识方面的因果交互，在这一过程中，不可避免地要面对物理过程是如何与意识体验交互的解释问题，即所谓的意识难问题。在对"多重可实现性"的探讨中我们曾表示过，物理方面与意识方面并非一一对应的关系，而意识又都必须通过物理方面实现，因而，如何对从物理方面到意识方面的中间过程提供一个合理的解释，是意识研究中不得不直面的难题。

① M. J. Vansteensel，E. G. Pels，M. G. Bleichner. Fully Implanted Brain-Computer Interface in a Locked-In Patient with ALS [J]. New England Journal of Medicine，2016，375（21）：20-60.

② M. Capogrosso，T. Milekovic，D. Borton. A Brain-Spine Interface Alleviating Gait Deficits after Spinal Cord Injury in Primates [J]. Nature，2016，539（7628）：284-288.

第三章　意识难问题以及解决策略

意识的难问题最早由查尔莫斯在《勇敢地面对意识难题（facing up to the problem of consciousness）》中提出，在文章中，查尔莫斯将意识问题分为两类，一类是容易问题，即可以通过计算或是神经机制得以说明的问题；另外一类则是困难问题，与容易问题不同，困难问题无法通过计算或是神经机制得到解释。而机器意识必然涉及计算机制和意识的关系解释。因而，解决意识的难问题，是机器意识研究的必经之路。

第一节　意识难问题的解构

一、意识的两个基本方面

要解决意识的难问题，首先需要理清其所对应的概念，并分析其根本原因，从中找到可能的解决策略。必须明确的是，意识存在着两个显著的方面，即现象性方面与因果性方面。意识的现象性方面是诸如疼痛的那种质的方面，这是意识最显著的方面，我们可以直接通过主观内省来体验它；而意识的因果性方面则主要是指通过因果关系来解释的意识的形成机制方面。这是我们主观内省不到的方面，它并不像现象性一样直接向我们展示出那种质的特征，意识的因果性方面往往需要大量的研究和实验，但是对我们解释与把握意识的形成机制有着重大的意义。这种强调现象性与因果性的分类普遍存在于各个研究者的观点中。下面简要列举三位立场差异显著的著名研究者的观点。

　　首先是查尔莫斯，他在《有意识的心灵：一种基础理论研究》之中表示："所有这一切的根源在于：有两个截然不同的心灵概念。第一个是现象学的心灵概念。这是一个作为意识经验的心灵概念，一个有意识地经验到的心理状态的概念。这是心灵的最扑朔迷离的方面，也是我最为关注的方面，但是，它并没有穷尽心理的所有方面。第二个是心灵的心理学概念。这是一个作为因果的，或者作为行为的解释基础的心灵概念。在这种意义上，一种状态是心理的，如果它在行为的形成方面，扮演着恰当的因果角色。"[①] 作为意识的难问题的提出者，查尔莫斯无疑直接点明了现象性的方面，如何说明意识的现象方面正是难问题所在。而在另一方面，他在描

---

　　① 查尔莫斯著，朱建平译. 有意识的心灵：一种基础理论研究 [M]. 北京：中国人民大学出版社，2013：23.

述他的心理学概念的时候也明确指出了心理学概念是一个作为因果性的心灵概念，其本质在于心理学概念所处的因果角色。查尔莫斯的这一论断确切地将意识划分为了现象性方面和因果性方面。

其次是金在权，他表示："人们习惯于把精神现象（mental phenomena）分为两种主要类型：意向性的（the intentional）与现象性的（the phenomenal）。信念、欲望、意图以及其他具有内容的状态属于前者，而具有感觉的或质的特征的状态则属于后者。"现象性是意识最为显著的特征，因而金在权与查尔莫斯一样直接指出了现象性的方面。而在其意向性的类型中，他认为意向性状态是通过因果关系解释的："关于意向性状态的功能主义解释的可行性，仍然有激烈的争论。但是，我倾向于支持肯定的回答。我看不出，用因果或关联规律或行为等方面的术语对这些性质进行功能主义说明存在什么原则上的困难。"① 因而可以看出，金在权也同样是区分了意识因果性与现象性方面。

第三位研究者是麦金。麦金在《意识问题》中表示："意识沿着两条轴线与物理世界发生关联，我们可以将它们视为两条正交线。首先是垂直线，它把意识与身体和大脑联系起来，让我们把它叫做意识的具身化维度。这条线赋予意识状

① 金在权. 心理因果性、还原与意识. 欧阳康主编. 当代英美著名哲学家学术自述 [C]. 北京：人民出版社，2005：239.

态以物理基础，使意识与相应的神经活动联系起来。其次是水平线，它把意识与其所表征的对象和性质联系起来，我们可称之为意向性维度。这条线赋予意识状态以物理内容或意义，将这些状态与主体神经系统之外的世界联系起来。"① 在这段话中，虽然麦金没有直接点出因果性与现象性，但是，在具体描述两个维度时，他还是透露了因果性与现象性的方面。例如，在描述具身化维度时，他指出，功能主义者强调因果性在具身化维度之中的关键："因果性概念将意识纳入了我们关于世界的一般图景。通过因果关系与物理事实的巧妙结合，我们就能够解释意识是如何与物理世界发生联系的。事实上，意识就是以极为复杂的方式将物理世界联系起来的因果性。"② 但是，麦金也指出，要彻底解决意识问题，仅仅只描述物理端和意识端的因果关系是不足以充分说明意识问题的，他认为，具身化维度和意向性维度是相关的，在不了解意识的意向性质的情况下，我们也无法充分解释意识是如何产生于大脑的。

在意向性维度方面，麦金将其分为了两个组成部分，一个部分是讨论产生意识现象的觉知结构，他称之为关于意向性问题的因果性自然主义问题，这个部分主要基于因果性的角度来分析产生意识觉知的原因。麦金表示："假如这种因果

① 麦金著，吴杨义译. 意识问题［M］. 北京：商务印书馆，2015：63.

② 同上，第66页。

性的一般形而上学理论成立的话，那么它同样适用于意向性的因果理论。根据后者，外部事件导致意识事件具有特定的表征性特征，这些特征又使得意识事件具有现象性的性质。故因果关系跨越了物理和现象之间的鸿沟，将意识状态及准意识状态与外部事态联系起来。"① 虽然同样属于因果性方面，这部分的因果性与具身化维度的因果性的不同之处在于，这部分主要说明的是意识的生成机制自身系统内部的因果关系，而具身化维度的因果性方面主要说明的是意识的生成机制与物理载体之间的因果关系。

麦金关于意向性维度的论述的另一个部分中则涉及了现象性的问题，他称之为意向性主体的笛卡尔式的非物质论。在论述中，他强调现象性方面的解释是不可或缺的，如果脱离现象性而"将内容分离开来单独去解释，这相当于剥离经验和它的本质。这就像在忽略疼痛的感觉特征或现象性质的情况下，去解释疼痛是如何具体实现的"。② 因此，可以看出，麦金对于意识的划分依然也是符合因果性与现象性方面的。

众所周知，查尔莫斯是自然主义二元论的拥护者，麦金是不可知论的支持者，金在权则是物理主义还原论的捍卫者。立场差别如此迥异的三者，却在现象性与因果性的分类上，基本上达成了一致。由此可以认为，对意识的现象性和因果

---

① 麦金著，吴杨义译. 意识问题 [M]. 北京：商务印书馆，2015：72.
② 同上，第 67 页。

性的划分是为众多学者承认的。虽然他们三者都赞同对现象性和因果性进行划分，但在其具体理论描述中却有着明显的区别，其不同之处主要是根据理论立场确定的。查尔莫斯认为因果性方面中的物理说明能在一定程度上说明现象性产生的原因，但这种说明并不是充分的，现象性方面所具有的那种质的特性无法通过物理说明得以解释，只有给予这种质的特性以和物理特性一样的本体地位才能构成一个完整的意识理论。金在权则着重指出，由于物理的因果封闭性，能影响到物理事物的只能是物理事物，因而意识的现象性方面要么必须还原为物理事物，要么就只能是一种由意识的因果性方面产生的副现象而没有任何本体地位。而麦金则认为，由于认知的封闭性，我们对于意识的现象性部分是不可知的。

意识的这种因果性方面和现象性方面的分类与布洛克的P意识和A意识的分类看起来类似，但二者却是完全不同的分类方式。布洛克的P意识与A意识都是具有主观体验成分的"某意识"，而只有意识的现象性方面才具有那种主观体验的特征，因果性方面本身并没有显现出这种特征。此外，P意识与A意识二者又是各自独立的，我们完全可以只具有P意识体验，或者只具有A意识体验，但是意识的现象性方面和因果性方面则是表里一体，无法各自独立开来。如果意识只具有现象性方面而不具有因果性方面，就会变成虚无缥缈又反复无常的灵魂，而不具有任何实在的意义；如果意识只具有因果性方面而不具有现象性方面，我们就会变成一具行尸走肉，也就是哲学怪人。显然，这两种情况都是与现实相悖的。

另一种相似却不太精确的分类方式是将意识分为外在方面与内在方面。外在方面接近于因果性方面，之所以称作外在方面，主要在于它是可以公共展现的，在理论上，所有人都可以把握这一方面的信息。例如大脑的神经活动，如果你愿意的话，任何人都可以通过仪器查看你的大脑的神经活动，包括你自己。相对应地，内在方面也接近于现象性方面，内在方面是无法公共展现的方面，也就是私密的方面，即只有该意识主体自身才能体验到这方面的信息，即便你以个人意愿同意，外部观察者也无法获取到这方面的信息。获得外在方面信息的方式与内在方面信息的方式是不同的。外在信息采用观测的方法，这种方法属于第三人称视角，内在信息则采用内省的方法，这种方法属于第一人称视角。我们无法通过第一人称视角的内省方法来获取外在信息，也无法通过第三人称视角的观测方法获取内在信息。内省与观测具有不同的适用范围，外在信息不是内省的对象，内在信息也不是观测的对象。内省与观测是研究意识过程的最重要的两种方法，现象性方面和因果性方面的分类之所以类似于外在方面和内在方面的分类，就在于这两种分类方式都是采用内省与观测来进行区分的。意识的现象性方面同样也是通过内省的角度，以第一人称视角获取到的，相对应地意识的因果性方面则是通过观测的角度，以第三人称视角获取到的。

当然，相对于现象性与因果性的分类而言，外在性与内在性的分类是有点不精确的，意识问题之所以困难，其原因在于现象性而不是私密性。假设我们可以通过科技的发展来直接向他人传递所尝到的苹果的滋味，那么其私密性也就化解了，但意识的现象性困难依然存在。而且，私密性的定义本身就值得商榷，如果说我的疼痛是只有我才能体验到的私密的东西，你的疼痛是只有你才能体验到的私密的东西，那么我们该怎么交流呢？维特根斯坦直接在《哲学研究》的 246 节中批判了这种私密性的观点："在什么意义上我的感觉是私有的？——那是，只有我知道我是否真的疼；别人只能推测。——这在一种意义上是错的；在另一种意义上没意义。如果我们依正常的用法使用'知道'这个词，那么我疼的时候别人经常知道。——不错，但还是不如我自己知道得那么确切！——一个人一般不能用'我知道我疼'这话来说他自己。——这话除了是说我有疼痛还会是说什么呢？不能说别人仅仅从我的行为举止中得知我的感觉，——因为我不能用得知自己的感觉这话说到我自己。我有这些感觉。"① 他在 272 节中分析了这种私密性概念的来源，他指出私密性的本质并不在于每个人都有私密的感觉，而在于别人具有的这种感觉是不是也是这个，还是别的什么。他进而表示："我们必须

---

① 维特根斯坦著，陈嘉映译. 哲学研究 [M]. 上海：上海人民出版社，2005：104.

更清楚地知道，我们实际上是如何运用这种关于显示的隐喻（内在和外在）的；否则我们总想在隐喻中所谓的'内在的'背后找出一个内在的东西。"① 在 273 节中他举例说："'红'这个词又是怎么样的呢？——我是否应该说它指称某种'面对我们大家'的东西，每个人除了这个词其实还应该有一个词来指称他自己对红色的感觉？或者是这样：'红'这个词指称某种我们都认识的东西；此外还对每个人指称某种只有他才认识的东西？"② 如果是这样的话，那么我们所进行的语言交流其实就是鸡同鸭讲，各说各的。此外，当我们想要隐藏自己的想法时，它无疑是私密的，但当我们将其表达出来时，这个想法又变成了公共的，而如果我们表达这个想法的时候无人在场，或是听到这个表达的人去世了，那此时这个想法到底是私密的还是公共的？这无疑说明了私密性在范畴划分上的不合适。由此可见，采用外在公共性与内在私密性的分类方式来处理意识的难问题无疑会产生新的概念混乱，因此我们将采用现象性与因果性的分类方法来处理并分析意识问题。

---

① L. Wittgenstein. Notes for lectures on *private experience* and *sense data* ［J］. Philosophical Review，1968：280.

② 维特根斯坦著，陈嘉映译. 哲学研究 ［M］. 上海：上海人民出版社，2005：111.

二、意识的两个难问题

意识同时具有现象性与因果性两方面的情况颇为类似量子力学的"波粒二象性"，当你用检测波的方式去探测量子时，它就呈现出波的特性，而当你用检测粒子的方式去探测它时，则呈现出粒子的特性。虽然呈现的结果随着检测方式不同而有所区别，但波和粒子这两种情况都通过薛定谔方程统一在了一个解释之中。而意识也是根据检测方式不同而呈现出相应的特性：当我们用第一人称视角的方式去内省意识时，意识就为我们呈现出现象性的特征；而当我们用第三人称视角的方式去观测意识时，意识就为我们呈现出因果性的特征。作为同一个意识的两种呈现方式，就如可以通过薛定谔方程解释"波粒二象性"一样，必然存在着一种可以沟通现象性与因果性的解释方式。虽然我们至今还不知道这种解释是什么，但我们可以和解方程一样，先假设出这种解释，将其称作隐藏性质 P。这种隐藏性质 P 必须具备以下两个特征：一是解释意识的现象体验是如何影响物理系统的；二是解释物理系统是如何产生意识现象体验的。我们有两种策略来找到这种隐藏性质 P：一种策略是从上到下的，即从现象性出发，通过内省的方式研究那种质的特性是如何实现在物理性质中的；另一种策略是从下到上的，即从因果性出发，通过观测的方式研究物理性质是如何产生现象性质的。麦金指出，如果这两种策略都能顺利地找到隐藏性质 P，那么就能构建出一套沟通现象性与因果性的完整的意识理论。选择这两种策略来寻找 P 能否成功，其关键在于这两种策略所对应的范围与深度。如果这二者所对应的范围完全覆盖了一个完整的意识理论所应包括的全部领域，那么只要穷尽这两种策略，最终就能找到揭示身心关系的隐藏性质 P，从而构建一个完整的意识理论。如果对意识的观测不能揭示隐藏性质 P，并且从中找到物质产生现象性质的原因，那就意味着由下至上的策略失败了，隐藏性质 P 位于观测及其相关的领域之外。同理，如果对意识的内省不能揭示隐藏性质 P，并且从中找到现象性质具现在物理系统之中的原因，则由上至下的策略也就失败了，隐藏性质 P 在内省及其相关领域之外。而我们只能是通过内省，或是观测的方式来探究意识，如果意识的隐藏性质 P 无法通过这两种方式探究，那么我们就永远无法彻底理解心身问题。①

查尔莫斯所提出的难问题其实就是对由下至上的策略提出了质疑。他指出，心理状态的可报告性、对环境刺激做出分辨、范畴化和反应的能力以及内部言语这些都不能很好地解释产生现象性质的原因。相对应地，麦金则重点否认了由上至下的策略，他认为，由于内省能力的局限性，不可能在

---

① 麦金著，吴杨义译. 意识问题［M］. 北京：商务印书馆，2015：80.

这种策略中找到隐藏性质 P。笔者将其总结为内省的适用深度与适用广度两个方面的限制。

就内省的适用深度的限制而言，我们只能内省到意识的表层，即现象性的部分。内省的这种限制使得我们无法揭示出意识的所有性质，尤其是无法揭示构成表层意识的潜在结构的性质。我们可以通过盲视现象发现这种潜在结构的存在，在盲视现象中，盲视区的表层意识的视觉现象体验没有了，但是底层的视觉反应的相关部分还在运作，因而盲视患者还能指出物体运动方向，以及避开障碍物。这种底层的视觉反应结构位于表层的意识现象之外，就算是视觉功能正常的人也无法内省到这种结构。总而言之，内省无法提供关于其所具身化的物理系统的关键信息。这种信息包括两个方面，一个是意识状态的物理相关物，另一个是意识状态的物理原因及其结果。这两个方面与意识状态的产生密切相关，而内省却无法提供关于它们的任何信息。内省无法提供当我们看到某朵花时的那种视觉体验相关的神经活动的信息，只给我们提供了神经系统运作的最终产物，而没有提供这个运作过程的信息，而这些过程是构建一个意识科学所必需的组成部分。反对者可能会认为，意识本身就仅仅指谓表层现象，内省已经揭示了意识所有的内在性质，支撑意识的隐藏结构本身并不属于意识，而是属于物理层面的大脑的某种隐藏性质，自然也就不在内省的范围。麦金对此提出了反驳，他论证说，如果意识与大脑活动之间存在着联系的话，那么这种隐藏性质 P 以某种自然的方式将意识与大脑活动联系起来，也就是说，它必须满足两个基本的条件，一是它必须与表层的意识现象有着合理的联系，二是它必须与大脑的物理性质有着合理的联系。只有同时满足这两个基本条件，隐藏性质 P 才能将现象性方面与因果性方面统一在一个解释之中。简而言之，隐藏性质 P 不可能仅仅只是物理性质，同时也必须是一种意识性质，它必须同时具有两个方面的性质。麦金特别指出，如果隐藏性质 P 是外在于表层意识的性质，它就无法在意识与大脑之间建立联系。我们不能因为只看到整座意识冰山的水上的部分，就武断地判断它没有水下的部分。然而，正是深藏在水下的那部分冰山支撑起了被我们所看到的表层冰山。因此，隐藏结构必须属于意识的范畴，而认为表层意识就是意识的全部范畴的论断也就不成立了。

就内省的适用广度的限制来说，我们只能内省到自身的意识状态，无法内省到他人的意识状态。我不能内省到你的疼痛或心情，虽然我可以通过其他方式来获知你的状态，如语言对话，或是察言观色等，但这属于观测的方式而超出了内省的范围。由于这种限制，内省所能把握到的意识状态是极其有限的，内省不仅对把握他人的意识状态毫无用处，也无法提供超出我们所具有的意识形式之外的意识体验，例如内格尔在《成为一只蝙蝠可能是什么样子》中指出蝙蝠的那种通过超声波感知环境的感受质，或者是虾蛄所具有的基于五原色的视觉感受质。值得一提的是，我们进行第三人称观测的时候，往往也因为个体意识形式的限制而只能观测到部分内容。例如，由于我们视角能力的限制，当我们从正面观测某个黑箱时，它的后侧与内侧就不为我们所知，但我们可以通过变换观测方式来进行补充，如绕到背后，或是打开这个黑箱来观测等等。除此之外，我们还可以通过制造机器来突破我们观测能力的限制，例如，我们通过仪器观测到了不可见光，或是观测到那些肉眼无法看到的微生物等等。但这种成功无法套用在内省上，我们无法通过更换内省方式来内省那些不为我们所知的部分，也无法通过仪器来增大内省的范围。我们的内省能力只能提供人类所具有的原生的质的感受，我们无法通过内省把握到其他意识形式所具有的质的感受。

因此，在麦金看来，内省作为理解意识的一种途径，存在着根本的局限性。内省固然可以直面意识现象，但它却无法解释意识现象是如何产生的，而科学解释的关键就在于解释事情是如何发生的，其背后的因果法则是什么。隐藏性质P无疑也需要解释产生意识现象的原因，但内省仅仅提供了最终的现象体验，无法提供产生现象体验的说明。麦金将通过内省来获知隐藏结构的办法比作是通过看电视来推想画面是如何产生的："即便虔诚地从天亮内省到天黑，你也无法知道自己经验中的意识状态具有何种物理原因。这比试图通过盯着电视机屏幕去推想画面是如何产生的更糟糕。内省对于（物理的）因果背景是封闭的，它能让你知道自己有何种意识状态，但不能告诉你这些意识状态是如何产生的。"① 科学的解释体系是由一整套复杂的科学理论构成的，局部性的观测报告可以作为构建理论的依据，借助观测资料构建的合理的科学理论让我们跨越了观测能力的限制，从而找到那些无法直接观测到的实体，如黑洞、量子、不可见光等等。尽管我们不能直接观测到这些实体，但我们可以通过观测资料来构建理论，从而把握这些实体的性质。而内省无法告诉我们意识事件是如何发生的，意识事件的背后存在着一张巨大的因果网络，而这张网络无法被内省所捕捉，意识的隐藏结构藏在了内省把握不到的维度。因此，正如因果性的方面的观测难以处理现象性方面的难问题一样，通过现象性方面的内省也无法处理因果性方面的问题，这是一种意识内省角度的难问题。

不难发现，这两个意识难问题（观测的难问题和内省的难问题）的起因在于方法上的跨越。对于观测的难问题来说，科学大军一直都是以因果性为主要战场的，从未处理过现象性领域的问题。如燃烧现象，解释好因果性方面的机制，燃烧现象就解释完毕了，不需要解释那种暖和，甚至是烫脸的现象感受。而将这种跨越方向调转一下，就构成了内省的难问题。总的来说，两个难问题的困难之处在于其所采用的方

<hr>

① 麦金著，吴杨义译. 意识问题［M］. 北京：商务印书馆，2015：94.

法是跨越其原本测度的，对观测的难问题而言，现象体验是
不可视的，而对于内省的难问题而言，运作现象体验的具体
机制也是不可视的。

　　对比这两个意识的难问题，不禁让人产生这样的疑问：
为什么查尔莫斯的观测角度的难问题举世闻名，而麦金的内
省角度的难问题却少有人问津呢？笔者以为，原因可能是与
第三人称观测背后所使用的科学方法论有关，此处所谓的科
学是广义上的，它包括了技术发展层面。科学在当下是大行
其道的，当前我们人类所有的生活需求，如衣食住行、健康、
繁衍全都依赖于科学的支撑。车、船、飞机、家用电器、手
机、电脑、互联网……科学为我们带来了便利生活的这一切。
科学就是先进与可靠的代名词，科学也因此成为衡量是非的
唯一标准，一项研究只要冠以"这是不科学的"就立马为人
所唾弃。如此无往不利的科学大军遭遇滑铁卢自然更容易成
为重大新闻。相对而言，内省向来是不太可靠的。你的胃部
检查各项指标正常，但你就是觉得难受，这种难受可能就是
一种癔病。而让你觉得很舒服，药到病除的药物，其实不过
只是安慰剂，并没有真正的疗效。因此，向来不太可靠的内
省途径遇到什么困难自然无法成为吸引眼球的新闻，内省的
难问题也就不太容易引起重视。但是，就意识的两个难问题
而言，二者是同等的，我们不应该只聚焦于其中一个而忽视
另外一个。

　　科学的观测方法并不是第一次遭遇到挑战。早在一个世

纪前，量子力学就曾经给观测的方式树立了一道无法跨越的高墙，在科学界引起了巨大的波澜。量子力学中有一个著名的海森堡测不准原理，这个原理指出，我们不能同时精确测量出微观粒子的位置和动量。这是因为，我们进行观测时，实际上就是针对被观测系统施加了作用。例如，你要看到具体状况，那就需要通过光子的作用，将一道光照在粒子上，通过光被散射出来的光子来确定微观粒子的动量或位置。如果想要知道一个粒子的精确位置，那就需要用波长尽量短的波去探测，而波长越短，则频率与动量越大，对探测对象的扰动也就越大，其动量也就随之越不精确。相反，如果想要知道一个粒子的精确动量，那就需要用波长尽量长的波，那么所探知的粒子的位置也就越不精确。以往这样的观测方式之所以对被观测对象的数值影响不大，那是因为被观测对象的尺度要比光子这种量子尺度的粒子大得多，因而观测所造成的影响可以忽略不计。由于量子就是最小的能量单位，观测所施加影响的能量不可能小于一个量子的能量，因而就不可避免地要干扰到被观测对象。无论是要观测量子的动量还是位置，在观测时施加的作用都会使得原本处于波函数概率分布的量子坍缩为本征态，使得量子的本来面目无法直接被观测到而只能通过公式计算来推测其存在。虽然无法直接观测到量子的本来面目，但科学家们依然可以通过量子力学公式确定其存在并研究其相关特性，这一点无疑为我们处理意识的难问题提供了灵感。意识的难问题也处于一种类似测不准的情况中，当采用观测的方式时，可以获知物理机制表现，但无法获知现象体验表现；而采用内省的方式时，可以获知现象体验表现，却无法获知物理机制表现。但是，通过将所获知的物理机制表现与现象体验表现结合起来，我们可以理解并把握到意识的隐藏结构所显示出来的部分信息，并从中构建假说和验证，来还原意识体验的结构。这一点正如查尔莫斯的老师，《哥德尔、艾舍尔、巴赫》一书的作者侯世达（D. Hofstadter）所言：在主观语言和客观语言这两种论述语言之间有一个著名的分裂。例如，"主观的"红感受和"客观的"红光波长。对很多人来说这二者似乎永远是不可调和的。我不这样认为。正像关于艾舍尔的《画手》的两种观念并非不可调和一样，一种是"在系统内看"，此时两只手在互相画；另一种是从外面看，此时它们都是艾舍尔画的。对红色的主观感受来自大脑的自我感知中心，而客观的波长则属于你退出系统之外时的观察事物方式。尽管我们之中没人能退得足够远，以至于可以把一切都看成一副"大画"，但我们不应忘记这幅大画是存在的。我们应当记住，物理定律是所发生的一切的原因——它们藏在神经网络的犄角旮旯的深处，是我们高层次的内省式探究所无法企及的。[1] 跳出内省或观测的方法论限制，在"系统外面看"意识，将内省和观测所得

---

[1]　侯世达著，本书翻译组译. 哥德尔、艾舍尔、巴赫：集异璧之大成 [M]. 北京：商务印书馆，1997：939-940.

结合起来，便是破解意识难问题的一道良方。

三、意识的三个层面

意识的两个难问题塑造了概念彼此壁垒分明的两个区域，物理性质与现象性质之间产生了一条解释的鸿沟。查尔莫斯的难问题强调了从物理性质到现象性质这条路的困难，但是他并没有说明从现象性质到物理性质这条路的困难，解释的鸿沟是双向的，人们更为重视从物理性质到现象性质的困难，因为这种困难和以往的科学研究采用的都是同一种方法，它属于科学研究方法的困难，但这并不意味着从现象性质到物理性质不存在困难，正是两个方向的困难一致构成了解释鸿沟。

不少学者试图跨过这道解释鸿沟。比较常见的一种策略是认为物理性质与现象性质在本体上是同一的。如康德就曾经提到："众所周知，由这个任务所引起的困难在于预设了内感官的对象（灵魂）与外感官的对象的不同质性……但如果人们考虑到这两种不同类型的对象在此并不是在内部相互区别开来，而只是就一个在外部对另一个显现出来而言才相互区别开来，因而那个为物质的现象奠定基础的作为自在之物本身的东西，也许可以并不是如此不同质性的，那么这种困难就消失了，所剩下的问题只不过是：一般说来诸实体的协同性是如何可能的，对这个问题的解决是完全处于心理学的领域之外的。"① 依照康德的观点,产生现象性与因果性的难问题的原因就是因为我们预设了内省与观测的对象的不同质性。如同我们之前所分析的那样,这种预设必然导致最终产生两个困难问题。但康德同时也指出,二者仅仅只是外部显现(表象)的区别,它们所表现出来的不同质性仅仅只是表面形式条件上的,在自在之物层面,二者并没有质性的区别,也就是说在实体层面,现象性与因果性的差异不存在,自然也不存在实际的鸿沟,一切都只是我们受限的内省能力与观测能力所导致的差异。

与康德相比,维特根斯坦提出了另外一种理解方式:"人们感到在意识和脑过程之间有一道不可逾越的鸿沟,而这种感觉怎么并没有参与到对日常生活的诸种考察之中呢?这种类别差异的观念和一种轻微的眩晕联系在一起——我们变逻辑戏法时这种眩晕会出现(当我们想到集合论的某些定理时,同样的眩晕会攫取我们)。"② 与康德一样,维特根斯坦同样认为现象性与因果性的鸿沟实际上并不存在,现象性与因果性的差异肯定可以通过某种方式得到自然的解释。但康德和维特根斯坦在解决这个差异的方式上存在着意见分歧,康德认为,产生鸿沟的原因在于我们弄混了表象与本体,维特根斯

① 康德著. 邓晓芒译. 三大批判合集(上)[M]. 北京:人民出版社,2009:267-268,428.

② 维特根斯坦著,陈嘉映译. 哲学研究 [M]. 上海:上海人民出版社,2005:146,412.

坦则认为原因在于我们错误地运用了语言，中了所谓的逻辑戏法。

可惜的是，不论是康德还是维特根斯坦，在如何跨过解释鸿沟方面都没有做进一步的详细论述。我们需要看到跨过解释鸿沟的具体过程，而不是这道鸿沟实际上并不存在的简单论断。在笔者看来，关键还是在于阐明隐藏性质 P，毕竟它才是沟通因果性和现象性的关键所在。作为意识的难问题的提出者，查尔莫斯点评了五种试图跨越解释鸿沟的方案。

第一种是寻找一个可被当前的科学方法论解释的替代物，并转而解释这个替代物。例如将可报告性或自我概念等作为现象体验的替代物，但这种方案仅仅是在逃避问题，并没有什么建树。

第二种是取消主义，这种观点认为只要解释了可报告性、可存取性等功能属性，就再也没有必要解释什么了，这种方案做得极端甚至会否认意识的现象体验。但这种方案与第一种方案一样都是在回避现象性的问题，因而没有可取之处。

第三种是直面难问题，倡导对意识的现象体验问题给出正面解释。这种方案虽然比较可取，但迄今为止并没有产生什么有用的结论。

第四种是对意识的现象体验做系统分析，如依据视觉系统所做的分辨来说明不同颜色现象体验之间的结构关系，以及视域的几何学结构。查尔莫斯认为这种方案美中不足之处在于它没有回答为什么会存在这种现象体验。

　　第五种方案则是找到意识体验的本质并加以研究解释，也就是找到觉知结构并加以解释，觉知结构就是现象体验产生的那个过程。查尔莫斯认为这个方案是最值得采用的，但是它还需要丰富和完善，我们不止要知道是哪些过程引起了现象体验，还要知道为什么和是怎样引起现象体验的。查尔莫斯特别强调："一种关于意识的圆满的理论必须（在鸿沟之上）架起一座解释桥梁。"①

　　无独有偶，内格尔在《成为一只蝙蝠可能是什么样子》一文中也认为觉知结构就是解决意识难题的关键。他指出，主观的现象体验可以用客观的术语来描述，我们的主观现象体验具有一种"结构性特征"："知觉的结构特征可能更容易进入客观的描述……用来置换我们所熟悉的、以第一人称形式出现的那些概念的概念，可以让我们得到一种对我们自己的经验的理解……接受了这种客观描述的主观经验方面可能是那种更熟悉的客观解释的更好的候选者。"② 从这段话可以看出，内格尔认为意识具有一种不同于现象特征的性质，这种性质是客观的，但却不属于物理性质。这种性质直接对接着现象性质，从中可以得到一种对现象性质的理解。此外，这种性质也对接着物理性质，我们可以称其是一种结构性质。

------

① 查尔莫斯. 勇敢地面对意识难题. 高新民，储昭华主编. 心灵哲学［C］. 北京：商务印书馆，2002：373.
② 内格尔. 成为一只蝙蝠可能是什么样子. 高新民，储昭华主编. 心灵哲学［C］. 北京：商务印书馆，2002：119.

基于这种结构性质的解释相比当前通行的物理性质的解释，是一种对意识而言更合适的解释。

综上所述，我们可以总结出意识存在三个层面的描述：（a）纯粹主观的现象性描述；（b）客观的非物理的结构性的描述；（c）客观的物理因果性描述。基于这三个层面的划分，我们可以发现，目前的大多数关于意识的学说要么过于侧重（a）的描述，强调感受质的独特性；要么过于侧重（c）的描述，试图将一切的主观体验全部还原为神经活动。在这两种主流趋势中，关于（b）的描述被有意或无意地忽视了。然而，不少研究者都发现，在表层意识和物理状态之间并不是一种奇迹般的直接连接的关系。他们通过颠倒光谱、黑白玛丽、怪人论证等思想实验来论证物理性质与意识性质之间并没有必然的联系。颠倒光谱论证试图表明，意识与物质的联系不是必然的，关系项的意识端可以替换为不同的意识内容；怪人论证则通过设想去掉意识端来彻底分解这一联系；而黑白玛丽论证试图表明物理性质对说明现象性质的无力。

总的来说，这些思想实验试图表明，意识与物质之间的联系只是偶然的，（a）与（c）之间没有直接的联系。然而，如果错误地理解这些思想实验，就会导向一个完全错误的方向。过于强调意识的质的感受的特异性会使得我们产生一种错觉，即让我们觉得意识现象与物理性质之间没有任何联系，它可以完全地从物理背景中脱离出来而独立存在。用维特根斯坦的话来说，这种误导就是一种"逻辑戏法"，究其原因，表层意识不能看到其自身与物理性质之间是如何构建起必然联系的，现象性质（a）与物理性质（c）之间的必然性仅仅存在于意识的隐藏结构（b）之中，表层意识使得我们只能看到这种联系的两端，就像一座被缭绕的云雾遮蔽了中间部分的高山。我们不会因为只看到了山顶和山脚就否认被云雾遮蔽的山体的存在，否则我们就得另外想办法解释云雾之上的山顶部分是如何没有依托而飘在空中的。而对于意识—大脑这座高山，由于"逻辑戏法"的误导，人们忽视了看不见的隐藏结构，意识也就变成了脱离物理山体依托的空中楼阁，而为了论证这一空中楼阁的合理性，人们又不得不像编造神仙本就生活在云上这类神话故事一样，编造了意识本就脱离物理实体而存在的神话。迈农就曾经构造了类似的神话，他表示，当我们提出"金山不存在"这一命题时就已经肯定了金山的存在，尽管这种存在不是一种实体的存在，而是观念的存在。万幸的是，罗素通过区分专名与摹状词而将这一神话瓦解了，罗素让人们意识到，表层的自然语言所表达的命题具有一种隐藏的逻辑形式，而这一形式并没有直接展示在语句的表层语法之中，也就是说，命题的逻辑结构不同于它的语法结构，语句的表象下面隐藏了它的真正的逻辑结构。早期的维特根斯坦对此评价说："全部哲学就是语言批判，罗素的功绩是他能够指出：命题的表面的逻辑形式不必定是它的真正的形式。"① 他进而认为，命题的表层语法结构不仅仅只是装饰了它的逻辑结构，在这种装饰的过程中，逻辑结构就被语法结构所掩盖了。并且，我们无法从分析日常用语的语法结构来获知被掩盖的逻辑结构："从日常用语直接得出语言逻辑，对于人来说是不可能的。语言乔装了思想，并且是这样，即根据这件衣服的外部形式，不能推知被乔装的思想的形式，因为衣服的外部形式完全不是为了让人们知道肉体的形式而制作出来的。"②

让人感到惊奇的是，语言与意识都遭遇到了类似的问题，二者的真正的深层的结构都被表面的结构所掩盖了。从这种相似性中，我们显然可以得到一种启示：既然从日常语言的语法结构出发设立虚幻的本体论的思想是一种误用表层语法结构的"逻辑戏法"，那么从强调意识的质的特性出发而在物质之外再设立一个意识本体的思想也充满了嫌疑，上过前者的当的人在面对后者时就应该更为慎重。我们必须牢记这种"逻辑戏法"的目的——主张意识具有本地地位的那些人必然会否认意识具有隐藏结构，因为如果意识具有隐藏结构，从质的特性出发而推导出的意识的本体地位就必须退位让贤给这个隐藏结构，而这一点是他们所不愿见到的。因而他们就

① 维特根斯坦著，郭英译. 逻辑哲学论 [M]. 北京：商务印书馆，1985：38.
② 同上。

论证隐藏结构其实属于物理的层面，意识的层面就仅限于我们内省能力所能把握的范围。这种做法像极了当革命浪潮席卷全国时的保皇党，他们千方百计地维护意识的皇位，哪怕是割让原本属于意识的领地也在所不惜。但这种做法明显是无济于事的，上文中麦金已经做出过反驳论证。而且，在只需要设立觉知机制就能够给予意识以自然化解释的策略面前，额外设立一个意识实体无疑显得画蛇添足。

另外一批看不见隐藏结构的人则干脆采取另一种极端的做法，他们彻底否认"空中楼阁"也是自然主义的山体的一部分，而将表层意识斥为一座虚幻的海市蜃楼，他们认为，疼痛就仅仅只是 C 纤维的发放。这种观点同样是不合理的，动手术时的机体疼痛可不是将其斥诸幻觉就可以了事的。而且，就科学解释而言，面对某种目前的理论体系无法解释的现象，我们要做的并不是通过现有的理论体系去否认这一现象，而是尽可能地提出新的理论来解释这一现象，并且以此来预测这一现象的下一次发生。通过难问题的分析，不难发现，直接从物理机制（c）跨越到现象性质（a）的解释是"困难的"，但因此而直接否认现象性质（a）的做法显然是自欺欺人的。我们完全可以构建物理机制（c）承载并运行了觉知结构（b），觉知结构（b）的运作导致现象性质（a）的产生这样自然化的解释过程。在这一过程中，由于物理机制（c）和觉知结构（b）的关系就如物理机器与虚拟机器的关系，故而满足功能的多重可实现性，因此，如果有条件进行针对性的参数调整，可能 C 纤维的发放就不再对应痛觉，而是愉悦感了。由此一来，将物理特性（c）作为探究现象性质（a）的奠基石的期望自然也随之落空，探究意识难题的关键就落在了觉知结构（b）上。

解决意识的难问题，其关键在于论证（a）和（b）是一种必然的关系。在这里可以从立论的角度以及驳斥反论的角度来进行论述。就立论的角度而言，觉知机制和现象体验之间的必然性有着两点必要性：其一，我们在实验中观测到的都是第三人称数据，以觉知机制为中介确立觉知机制和意识体验的必然性，才能合理地说明这些第三人称数据对应的正是我们的意识体验；其二，一个完整的意识理论必须能够对相应的现象进行预测或判断，而只有确立觉知机制和现象体验的必然性才能合理地根据第一人称体验和相关的理论来推测出对应的第三人称数据结论。

我们可以通过"意向性"方面的分析来进一步把握觉知结构和意识体验之间的必然性。意向性作为当代哲学的一个研究领域，源自 19 世纪的布伦塔诺（F. Brentano）在他的《经验主义视角下的心理学》（*Psychology from an empirical standpoint*）一书。布伦塔诺将意向性定义为"精神现象"（psychical phenomena）的特征，并将其和"物理现象"区分开。他使用了诸如"同内容的联系性""对物体的指向"或"内在的客观性"等表达方式来描述意向性。如果一个精神状态没有现象的意识状态，那它也不具有意向状态，同时，也不存在不带有现象特质的意向状态。现象特质和意向性是绑在一起的，布伦塔诺就曾表示，一个意识状态是现象的，当且仅当它是意向的，克里格尔称之为现象的意向性（Phenomenal Intentionality）①，也就是说若一个心理状态是有意识的，就意味着它有意识呈现，而它所呈现的东西就是"对象的意向的内存在"。因此，所有有意识的心理状态都是意向状态。② 布伦塔诺的学生胡塞尔（E. Husserl）将这一结构总结为"意向行为（noesis）—意向内容（noema）"，并以此解释意识体验的结构。

当然，需要澄清的是，关于"意向性"概念，在哲学的不同派别中有着不同的意蕴。比较有代表性的主要就是希尔勒的意向性概念和胡塞尔的意向性概念。与胡塞尔以及布伦塔诺不同，希尔勒的意向性是关于言语行为的，因而总是指涉具体的客观对象，如"小明相信特朗普是美国总统"，他的这一信念指向或关于"特朗普是美国总统"这一事实，这一事实同时也是这一意向性适应指向的满足条件。但是，希尔勒认为意向性只与某些意识状态相关，并不是所有意识状态都具有意向性。"许多显然不具有适应指向的情形，以及因此不具有满足条件的情形，都包含着具有适应指向和满足条件

① U. Kriegel. Phenomenal intentionality past and present：introductory［J］. Phenomenology & the Cognitive Sciences，2013，12（3）.

② F. Brentano. Psychology from an empirical standpoint［M］. Routledge，2012：88-89.

的信念和愿望。例如快乐和悲痛就是不能化归为相信和期望的感情，但就它们的意向性而言，除了相信和期望以外，它们没有任何意向性。"① 诸如情绪等意识状态，由于不指涉具体的客观对象，因而不具有意向性。"我可以处于兴奋的、沮丧的、兴致勃勃的、萎靡不振的情绪之中，而不必有意识地指向任何意向满足条件。情绪自身从不构成意识状态的全部内容。情绪提供的是整个意识状态或其后果的色调。"② 此外，希尔勒认为，"小明相信特朗普是美国总统"这个例子中，就算小明是在无意识状态中，也可以对他的意向状态、满足条件、适应指向等进行讨论分析，因而，希尔勒认为，无意识状态至少是潜在地具有意向性的。

我们可以将布伦塔诺与胡塞尔的意向性概念称作现象意向性，而将赛尔的意向性概念称作指向意向性，并将二者的观点做个简要的归纳和比对。其一，现象意向性的对象是主观的意识对象，而指向意向性的对象则是客观的客体，或是事态；其二，现象意向性是所有有意识状态都具有的，指向意向性则不是，如情绪和感受就不具有指向意向性；其三，现象意向性只在有意识的状态中才具有，无意识的状态中是不具有的，而指向意向性在无意识状态中也是具有的。通过

① 希尔勒著，刘叶涛译. 意向性：论心灵哲学 [M]. 上海：上海人民出版社，2007：35.

② 希尔勒著，王巍译. 心灵的再发现 [M]. 北京：中国人民大学出版社，2005：117.

这样的归纳和比对，我们强调，适用于觉知的应该是现象意向性概念而非指向意向性概念。

从现象特质意向性的观点看，让意识具备现象特性就是意向性。而这种意向性本身运作的功能性结构，就是觉知机制。麦金表示，让意识具有现象特性，"使得这种能力成为可能的，使得意识主体具有这种能力的，正是具备此种能力之意识状态的隐藏结构。意向性作为一种意识模式，其基础正是这种未知的意识结构。正是它使得一个物理系统展现了与事物之间的完整的意向性关系。意识具有一种底层构造，正是这种构造（也许还要加上其他事实）可以让意向性得到自然主义的解释。所以，要使意向性实现自然化，我们就要发展出某种关于该底层构造的理论，知道它最终是由什么构成的。现在我们所能说的一切就是，要以自然主义的方式彻底解释意向性，就要确定该结构的性质"①。因此，意向性是觉知机制运作的另一面，是对其进行概况的功能性描述，而意向性与现象性之间的必然联系，也就等同于觉知机制和现象性之间的必然联系。

除了上述哲学层面的论证，科恩（A. Cohen）与丹尼特（D. Dennett）也专门就科学层面撰文论证过，意识体验不可

---

① 麦金著，吴杨义译. 意识问题［M］. 北京：商务印书馆，2015：107.

能脱离相应的运行机制而存在。① 觉知机制的运作必然会产生意识的现象体验，二者构成了一道结构式因果关系，这种结构式因果关系就如电脑系统的底层运作和表层的图形界面的关系一样，是一种"体用关系"。为了验证这一关系，我们可以根据这一必然关系的假设得出这样的推论：任意两个系统，若它们的觉知结构一致，则它们的现象特性也一致，而若是现象特性不一致，则它们的觉知结构也不一致。查尔莫斯在分析意识难问题的解决方案时就直接认为这一推论是真实有效的："任何具有相同精密功能组织的两个系统将具有质上同一的体验。如果神经组织的因果模式被复制到硅上，例如让每个硅片都对应到每个神经元及其交互模式，那么就会产生相同的体验……我相信：该原则可以通过分析思想实验而得到显著的支持。"②

根据查尔莫斯的观点，我们可以设想这样一种思想实验：用某种在功能上和神经元一致的硅芯片逐渐地一一替换我们大脑的神经元，会出现的情况无非是三种：感受质保持原样、感受质突然消失、感受质逐渐消退（fading）。首先可以排除感受质突然消失的情况，由单一神经元的逐渐替换而导致感受质突然消失显然是不合理的，许多脑科学的研究案例都表

---

① M. A. Cohen，D. C. Dennett. Consciousness cannot be separated from function [J]. Trends in cognitive sciences，2011，15（8）：358.

② 查尔莫斯. 勇敢地面对意识难题. 高新民，储昭华. 心灵哲学 [C]. 北京：商务印书馆，2002：387.

明我们的意识并不由单个的神经元决定。而感受质消退则类似于视觉中蒙上一层又一层薄纱那样慢慢地变淡，或是从昏昏欲睡到完全进入睡眠的情况，但无论是哪一种情况，这种感受质消退的过程显然是连着功能结构一起改变的。维持功能结构不变而感受质发生变化，尽管这在逻辑上是可能的，但这一点和"分子运动不产生热量"一样，都是在现实中不可能的，科学理论旨在增进我们对现实世界的微观粒子的理解，而不是与之相悖的可能世界中的微观粒子，同样地，我们所要研究的是现实世界的意识特性，而不是可能世界中的意识特性。因而，消退感受质的设想显然也是不成立的，最终的可能便只有感受质保持原样这一种选择。也就是说，即便是将我们的大脑神经系统替换为机器系统，只要觉知结构是一致的，那么我们的现象体验也会保持一致。① 而在感受质消退等现象体验不一致的情况中，觉知结构也是不一致的。因此，觉知结构和现象体验是一种必然的关系。

　　而就驳斥反论的角度来说。不少研究者认为现象的那种质的特性与意向特性有区别，德沃尔克（A. Dewalque）对此反驳说，现象性与意向性是可以区别的（distinguishable），但并不是可以分离的（separable），正如"左"和"右"是可以区别的，但无法进行分离，现象性与意向性是互相依赖存

---

　　①　查尔莫斯著，朱建平译. 有意识的心灵［M］. 北京：中国人民大学出版社，2013：301-319.

在的，缺少了其中一部分，另一部分也不复存在。[①] 而更多的反驳（a）与（b）的必然联系的观点则往往借助怪人论证、颠倒色觉等思想实验进行论证，因而，我们也将针对这两个思想实验进行驳斥。

怪人论证可以从弱立场与强立场两方面来理解。弱立场的怪人论证认为，存在这样的怪人，他的外部言行与你一致，但实际上它并没有觉知机制运作，它的言行表现只是根据现场条件执行一系列代码命令而已。这种观点本身并没有逻辑问题，但是它没有讨论觉知机制和现象体验的关系，而转向强调外部言行和现象体验之间没有因果关系，因而它对于真正解决意识问题毫无帮助。而强立场的怪人论证则可以宣称，怪人拥有和我们一样的觉知机制，并且觉知机制运作正常，但是这个怪人并没有像你一样产生意识的现象体验，比如，当你们同时用手指着星空，夸赞夜空的璀璨时，怪人的意识体验是一片虚无的。也就是说，强立场的怪人论证认为，有可能具备了相关觉知机制但是没有产生任何现象体验。可以将其形式化为 PZ1：

$\exists (x) M(x) \cap \sim E(x)$

存在某个 x，x 具有觉知机制且 x 没有现象体验

而根据上述立论的结论，有相关的觉知机制必然会产生

---

① A. Dewalque. Brentano and the parts of the mental: a mereological approach to phenomenal intentionality [J]. Phenomenology and the cognitive sciences, 2013, 12 (3): 447-464.

现象体验，于是我们有 P：

$\forall(x)\ M(x)\rightarrow E(x)$

任意 x，x 具有相应的觉知机制则 x 具有现象体验

由 PZ1 可得

PZ2：M(x)

PZ3：～E(x)

将 PZ2 代入 P，得到

P1：E(x)

显然，P1 与 PZ3 矛盾。

在本质上，会产生这种矛盾的原因在于，强立场的怪人论证实质上否定了因果关系端，也就是它否认了觉知机制就是产生意识现象体验的原因，现象体验就是觉知机制运作的结果。而这种错误观点正是导致我们久久不能解决意识难题的关键。显然，否认 P（现象体验）是不可取的，这样做只会留下永远无法解释的两道难问题而走向怀疑主义而已。通常而言，一台电脑如果屏幕上显示不出东西，但仍然可以执行代码，我们会认为它在什么地方出故障了，这个故障若不是出现在硬件层面，就是出现在软件层面，如果有人将这种屏幕显示不出东西的情况也宣称为功能一切正常，我们就会认为是这个人的观点出故障了。强立场的怪人的论证就属于这种故障，它宣称觉知机制运作正常，但却没有现象体验产生。一般出现类似情况，我们会考虑怪人的觉知机制的运作是不是出故障了，而不是去质疑并否认觉知机制产生现象体

验的这份因果关系是否成立。因而强立场的怪人论证是站不住脚的，实际上，研究者们列举怪人论证的时候往往都是站在弱立场的角度，仅仅否认外部言行和意识体验之间的必然联系而已。

相较强立场的怪人论证，颠倒色觉论证就相对巧妙得多。颠倒色觉论证并不直接否认因果关系的关系端，它试图通过置换论证关系的具体过程来质疑觉知机制产生意识现象的这个因果关系。在颠倒色觉的例子中，在宏观尺度上，因果关系表现为我们看到绿色信号灯亮起，就通过这个路段。而实际上，这个过程是三段因果关系的总和，其中第一段是绿色信号灯的光谱信号刺激了视网膜细胞，视网膜细胞将相应的信息转化为神经信号。在因果关系的第二段中，这些神经信号一路经过初级视皮层与高级视皮层，并形成一种相应的意识体验，称其为绿色体验。在第三段中，看到这个绿色体验的我们就知道此时人行道可以通行了，并通过这个路段。也就是说，真正的过程是这样的：

AS1：Green Light→Active

AS2：Active→Green Exp

AS3：Green Exp→Walk

而这个过程往往被简化为：

AS4：Green Light→Walk

实际上，颠倒色觉论证是仅仅立足于 AS4 来论证的，它修改了 AS2 的内容。根据颠倒色觉论证，存在这样的怪人，他在类似 AS2 的过程中产生的是正常人平时看到红色的那种意识体验，而相对应的，这个怪人在看到红色信号灯亮起时的意识体验是正常人的绿色体验。但是在整体的反应上，怪人过马路的表现都与常人无异。因此，按照颠倒色觉论证，有

AS1：Green Light→Active

AS5：Active→Red Exp

AS6：Red Exp→Walk

由 AS1、AS5、AS6 最终也可以得到 AS4。但是，我们可以看出，仅仅根据这里的因果合并的过程来反驳功能主义是有问题的。化学反应之中也存在着将多段的因果关系合并为一段因果来看的情况，在一个化学反应中，催化剂在化学反应前后的质和量都没发生变化，因而在整体的简化化学反应方程中并没有被列入反应物或是生成物。但这并不等于催化剂本身没有实际参与反应，催化剂的实质是把一个较难发生的反应过程变成了两个很容易发生的化学反应（与之相反的称为抑制剂）。在这两个反应中，第一个反应中催化剂扮演反应物的角色参与反应并生成一个不稳定的中间化合物，第二个反应中催化剂扮演生成物的角色，为这个不稳定的中间化合物所生成。而从整体反应上来将这两段因果关系合并为一段来看，催化剂在反应前后没有化学性质和质量的变化。而若是有人利用催化剂在整体反应前后化学性质和质量没发生变化来设想一个思想实验替换这个催化剂，并妄图使这个

反应速率依然成立，则无异于痴人说梦。因为第一段的反应将无法发生，中间化合物无法生成，从而使得整体的化学反应蜕变为了添加催化剂之前的速率。

同理，对意识而言，相应的觉知机制对应着一种意识体验的内容，颠倒色觉论证如同替换催化剂的例子一样，都是将某个分段的因果关系替换为一段现实中不存在的因果关系，却依然希望整段因果关系成立。其目的就是通过制造一种因果关系上的混乱来否定觉知机制和特定意识现象之间的因果关系，从而制造出所谓的困难。索伯（Elliott Sober）就表示过，那些持有功能主义无法实现感受质的观点的人从未深入到内部去考察其系统内部的结构。"你的感受性质与我的感受性质相互有别，即使它们似乎起着相同的因果作用。由此是否可以得出结论：功能主义没有抓住我的绿的感受性质与你的红的感受性质之间的差异呢？不，不能这样推论，因为可能有这样的情况，即在内部存在着把两者区别开来的大量隐藏的结构。我们也许把感受性质体验为单一的东西，但那并不意味着它们就是单一的。就我们所知，可能存在着相当的复杂性，对此功能主义可以加以识别，并在此基础上澄清你的感受性质与我的感受性质之间的差异。"① 即是说，颠倒感受质的思想实验并没有考虑感受质颠倒的同时，功能组织在

---

① 埃里奥特·索伯. 把功能还给功能主义. 高新民，储昭华主编. 心灵哲学 [C]. 北京：商务印书馆，2002：71-72.

细节方面的变化与差异。

必须承认，上述论证并不能彻底说服颠倒感受质的支持者，他们可以进一步假设，存在着功能组织在细节方面也是完全一致的颠倒感受质的逻辑可能性。为了反驳这一观点，查尔莫斯构思了跳跃感受质（dancing qualia）的情况。假设未来的科技制造出功能组织和你一致，但感受质完全颠倒的机器人，再将这个机器人的功能回路备份到你的大脑，并且制造一种可以在神经元和硅芯片之间进行切换的开关。① 基于这一构想，我们可以进一步假设，当开关是关闭状态时，是神经元起着功能作用，你对于显示通行的交通灯具有一种绿色感受质。而当打开开关时，则是硅芯片起功能作用，你顿时变为具有一种红色的感受质。而当快速地来回切换开关时，你将看到红色和绿色感受质也随之飞速地切换。根据颠倒感受质的支持者们的观点，开关打开前后，你的意识在功能上都是一致的，因此，你完全可以在看到红绿色交通灯交替闪烁不停的情况下正常地遵守交通规则而不会犯任何错误，这种情况显然是荒谬的。查尔莫斯对此总结道："功能上同型的任意两个系统必定具有同类体验。用技术的术语来说，'感受质缺失'和'颠倒感受质'的哲学假说尽管在逻辑上是可能

---

① 查尔莫斯著，朱建平译. 有意识的心灵［M］. 北京：中国人民大学出版社，2013：323-329.

的，但从经验与法则上来说则是不可能的。"① 逻辑上的可能性并不能作为"颠倒感受质"论证畅通无阻的护身符，"跳跃感受质"论证在逻辑上也是可能的，并且其得出的推论恰恰推翻了"颠倒感受质"论证所支持的观点。因此，我们在面对这些论证的时候一定要理清思绪，避免因为"狸猫换太子"而在构建沟通解释鸿沟的桥梁的过程中踩到陷阱。

综上所述，我们将意识划分为现象体验、觉知机制、物理机制三个层面的描述，并且将觉知机制与物理机制的关系确定为虚拟机器与物理机器的实现关系，从而将意识的难问题最终归结为觉知机制与现象体验二者的关系。然后，分别从立论与驳斥反论两个角度，确立了觉知机制与现象体验之间的必然联系，从而确定了意识的难问题的解决策略。因此，要彻底解决意识的难问题，下一个亟需解释的问题就在于觉知机制是如何运作并产生现象体验的，正如侯世达所说："为阐明大脑中发生的思维过程，我们还剩下两个基本问题：一个是解释低层次的神经发射通讯是如何导致高层次符号激活通讯的；另一个是自足地解释高层次的符号激活通讯——建立一个不涉及低层神经事件的事论。"② 只有将觉知的机制说明清楚，才能解决意识的难问题。

---

① 查尔莫斯. 勇敢地面对意识难题. 高新民，储昭华主编. 心灵哲学 [C]. 北京：商务印书馆，2002：388-389.

② 侯世达著，本书翻译组译. 哥德尔、艾舍尔、巴赫：集异璧之大成 [M]. 北京：商务印书馆，1997：467.

第二节　关于觉知机制的理论模型评析

　　本节将会列举分析几种关于觉知机制的理论，探讨其中关于意识难问题的解决策略。总体来说，可以将以下几种理论分为侧重于因果性方面的信息处理进路与侧重于现象性方面的现象结构进路。两条进路都认为意识产生的标志是特定的现象体验，但二者对于如何实现这个现象体验有着分歧。从信息处理进路的角度来说，感受质的产生源自特定的信息处理模式，我们的意识是大脑互相连接的神经元之间信息处理的结果。在另外一方面，计算机在本质上也是依赖于信息处理而诞生的，因而，从信息处理的角度来探究与构建机器意识的觉知模型，不仅有利于理解意识的本质，还有利于在机器中的实现。这类进路往往具有定量化说明、易实现于机器的特征。而从现象结构进路的角度来说，构成意识的现象体验的关键在于构建一个多层的觉知结构，因而现象体验进路会着重分析现象的结构，以便于我们直观地理解现象体验产生的原因。这类进路往往带有定性式说明，并未实现于机器的特征。

一、全局工作空间理论

全局工作空间理论是觉知理论中比较常见的意识理论，该理论最早由巴尔斯（B. Baars）提出。迪昂（S. Dehaene）与尚热（P. Changeux）等人在巴尔斯工作的基础上将全局空间理论加以模型化，使其成为可以实际运作在机器上的具体模型。另外，沙纳罕（M. Shanahan）也从脑启发方面基于全局工作空间开发了自己的模型。

1. 巴尔斯的全局工作空间理论

巴尔斯将大脑看作是神经元组成的计算机，和当前的计算机不一样的是，大脑并没有一个负责处理所有工作的中央处理器。大脑中的无数神经元组成了大量在功能上各异的分布式专门化进程（specialized processors），这些进程就像积木一样，是组成意识的模块，这些模块各有所长，就像是一个个专家，因而也称为专家模块。他指出，这些专家模块并不是依据来自特定的中央处理器的特定指令而运作，而是在一个虚拟的工作空间中彼此合作或是竞争来显现意识，而且，这些专家模块在没有进入工作空间之前都是无意识的。与意识对比，无意识进程有着以下三方面的优势。

（1）意识的处理速度相对较慢，而无意识反应比意识反应的时间快得多。如网球的时速约在 170km/h，这远超高速公路上行车的速度，运动员基本上都是靠无意识动作找到球的落点并回击回去，而不可能是意识到了球的位置再去反应。

（2）意识事件易受干扰，甚至容易出错。我们心情激动的时候去从事精密计算等需要集中注意力才能从事的任务的表现总是不如心情平静时的表现，我们执行任务的能力很明显受到了情绪的干扰。而且，就算是在心情平静时，也会因为注意力涣散等原因而在任务中出错。相反，无意识过程是固定程序、自动化模型运行的结果，这些过程只会按照程序设定自动化运行，不会受到情绪等其他因素的影响和干扰，也不容易出错。

（3）同一时间意识只能执行少数任务，而无意识事件可以执行多个。例如弹钢琴，在熟练的弹奏者手中，十指是无意识地弹奏的，而研究发现，意识的工作记忆的容量是 7 ± 2，这也就意味着意识所能关注的目标大致在这个范围内。[①] 若是有意识地去关注哪根手指必须按到哪个键位，是兼顾不到十个手指的。

巴尔斯指出，我们的整个意识系统存在大量无意识的专家模块，在人脸识别、运动、驾车等常规任务中，执行着自动化的工作。而既然存在着如此众多的无意识的专家模块，意识又是如何产生的？巴尔斯指出，这些专家模块互相之间会彼此合作或是彼此竞争来争取将信息传播进入全局工作空

① M. Murata，K. Uchimoto，Q. Ma. Magical Number Seven Plus or Minus Two：Syntactic Structure Recognition in Japanese and English Sentences［J］. Journal of Natural Language Processing，2001（6）：61.

间，进入全局工作空间的进程将会被广播到其他进程，使得众多无意识的进程产生信息交互并且协同合作，以引起意识觉知。① 他借用"剧场假说"来描述他的全局工作空间理论，这个意识"剧场"的结构主要包括以下几个组成部分：全局工作空间就像被灯光照亮的舞台；注意力就相当于舞台的聚光灯；意识体验的内容就像是剧场舞台上被聚光灯照亮的部分；形成意识体验的各种意识语境就相当于导演、编剧、道具师等幕后工作人员；而无意识的那些专家模块就相当于舞台下面的观众，但专家进程又不仅仅只当观众，它们既接收并处理着来自舞台的信息，同时又时刻准备着登上舞台并将其信息呈现给其他专家进程。全局工作空间上的信息对于所有无意识处理器而言都是全局可达的（global availability）。②

为了进一步说明全局工作空间，除了剧场的隐喻，巴尔斯还提出了专家会议的隐喻。③ 各类专家模块就相当于各个参会专家，工作空间就相当于位于会议厅中央的大黑板，所有与会专家都可以看到上面的消息，因而是全局可达的。而专家模块的目的就是在这个会议厅的大黑板上公开它的全局信息，让所有专家模块都可以看到这一信息。但是大黑板上面

① Bernard Baars. In the Theater of Consciousness：The Work-space of the Mind ［M］. NY：Oxford University Press，1997：292.

② Bernard Baars. In the theater of consciousness ［M］. Oxford University Press，1997.

③ Bernard Baars. A cognitive theory of consciousness ［M］. Cambridge University Press，1988：84-87.

所能容纳的全局信息是有限的，有些矛盾的内容会遭到传播该信息的工作空间排斥，各个专家模块会为了争取将自己的全局信息登上去而彼此竞争或是通力合作，从而达到传播全局信息的目的。

然而，剧场隐喻并不是一个受哲学家欢迎的概念。丹尼特就曾经激烈批评过笛卡尔式的剧场隐喻。丹尼特指出，笛卡尔式剧场认为意识发生于大脑中某个特殊位置，它是意识和大脑的交汇点，也是现象体验和神经脉冲的交汇点，大脑中的信息加工在通过这个点之前都是潜意识的，而在这个点之后都是有意识的。丹尼特通过论证表示，这样的位置根本不存在，他表示，如果存在一个确切的位置来产生意识，那么信息通过各个脑区加工后再抵达这个位置的过程就有快有慢，按照这样推断，在意识中呈现的次序就是信息到达的次序，那么就可能存在这样的现象：某两个信息，分别称为信息 A 与信息 B，它们各自通过两种不同的通路进行信息处理，并到达意识中枢，但在这两个通路中产生了顺序的差别，一个通路中 A 比 B 先抵达意识中枢，而在另一个通路中则相反。丹尼特认为，这就会造成呈现在意识中的主观顺序的矛盾，因而存在意识中枢的假设是不成立的。他说："大脑中有个特别中心的观点是一种最顽固的坏想法，一直困扰着我们的意识研究。"①

剧场隐喻容易遭到批评的另外一个理论弱点则在于，它将产生体验的原因归为剧场的观众，也就是归因于一个内在体验者来承担产生意识体验的任务，这个内在体验者也被称为"小人"（homunculus），而这种解释方式的问题在于，既然我们的意识体验是由剧场中的小人看剧形成的，那么这个看剧的小人又是如何产生意识体验的？简而言之，小人的解释方式很容易造成小人之中还有小人的无穷倒退的困难。

巴尔斯对此回应道，自己的剧场隐喻并不属于笛卡尔式的剧场。"显而易见，我们从未期望在大脑中找到微型剧场，但是，我们可以找到一些展示并传播意识内容的神经元结构。"他指出，他的剧场概念只是"以一种有趣的方式来帮助我们思考大脑的功能"。② 而且他的剧场假说并不需要用到"小人"，就像机器人可以"看到"屏幕中所显示的内容一样，专家模块本身也可以"看到"全局工作空间里的内容，这是全局工作空间的"自觉知"的过程，而这样的过程是完全不需要预设一个有意识的"小人"存在的。对此丹尼特是认同的，而且丹尼特所提出的多重草稿理论与全局工作空间也存

① 丹尼特著，苏德超、李涤非、陈虎平译. 意识的解释 [M]. 北京：北京理工大学出版社，2008：122.

② Bernard Baars. In the theatre of consciousness：Global work-space theory, a rigorous scientific theory of consciousness [J]. Journal of Consciousness Studies，1997，4（4）：292-309.

在着众多理论上的相似性，丹尼特甚至希望通过全局工作空间理论来补充多重草稿理论的技术细节。而且，就结果来看，丹尼特批判笛卡尔剧场也为全局工作空间理论替代笛卡尔剧场扫清了障碍。①

巴尔斯的全局工作空间理论的主要优点在于，它不仅通过提出全局工作空间来解释意识的觉知结构，而且着重解释了意识产生过程中的无意识信息加工的特征，将盲视、阈下知觉等神经科学上发现的现象与意识理论完整地结合起来，并且探讨了意识和非意识状态之间是如何进行信息切换的，在无意识到意识这一关键步骤提出了有价值的观点。美中不足之处在于，巴尔斯只是给出了一个粗略的大致学说，并没给出全局工作空间具体运行的细节和详细模型，也没能解释这样的问题：为何在全局工作空间中，痛觉、视觉和思维、推理等其他意识内容的质对主体而言感觉起来有所不同，因此，虽然讨论了部分觉知的结构，但全局工作空间理论更多地还是偏向于信息处理进路。总之，全局工作空间理论有着合理性，并且有着充足的发展空间与亟需完善的技术细节，是一个可以在机器中执行的方案。

2. 迪昂等人对全局工作空间的神经模拟

巴尔斯的全局工作空间理论虽然解释了诸如盲视和阈下

---

① D. Dennett. Are we explaining consciousness yet? [J]. Cognition, 2001，79 (1-2)：221-237.

知觉等神经科学所发现的现象，但它仅仅提供了一个理论雏形，既没有提供技术细节，也没有提供可以实际运作的模型。这方面的研究最终由迪昂与尚热等人所完成。他们根据巴尔斯的全局工作空间理论构建了他们的神经模型 Dehaene-Changeux model，简称 DCM。① DCM 的理论来源主要有三个部分：心灵模块理论、非模块假说、注意的扩大和动态的动员。

心灵模块理论主要来源于福多，模块是大量并行的、无意识的自动化处理单元，每个模块各自执行不同的功能，类似于全局工作空间理论中的专门化进程。在神经科学中，模块则是由专门化的神经回路构成的，这些神经回路模块可以通过脑成像以及神经生理学来观测与证实。但是，模块理论无法解释意识的觉知现象，而意识的本质就在于觉知现象，迪昂因此引入了非模块假说。非模块假说主要提出了一种类似于全局工作空间的功能架构，在不同的理论体系中，这个架构也称为中央执行系统或者动态核心等。迪昂等人表示，大脑中一样包含一个并行的神经系统，或远程连接到各个专门化脑区的工作空间。没有与工作空间相互连接的模组中的信息处理内容不会进入到意识的内容中。工作空间的作用就是综合各个与其相互连接的模组的信息并最终产生意识觉知。

---

① S. Dehaene, M. Kerszberg, J. P. Changeux. A neuronal model of a global workspace in effortful cognitive tasks [Z]. Proceedings of the National Academy of Sciences of the United States of America, 1998, 95 (24): 152-165.

迪昂等人发现，至少有五类神经回路必须参与到工作空间之中：把握当前环境状态的感觉回路；预备以及执行控制行为的运动回路；恢复过去的工作空间状态的长期记忆回路；评估与先前经验关系的评价回路；选择有兴趣的中心点的注意回路。他表示："这五个回路的全局交互连接就能解释意识的主体统一性的本质。"第三个理论来源是注意扩大化和动态的动员。注意是信息进入意识的门槛，那些数量众多的专门化模组的信息加工都是没有意识的，而这些模组的信息加工过程要进入全局工作空间来产生意识觉知，就需要注意的扩大。为了进入意识，一个信息加工仅仅只有持续时间这一要素是不够的。

迪昂并没有在其论述中直接点出觉知结构，他认为感受质、意识体验就是神经系统进行信息加工的产物，只要把握了当前意识体验的神经细节，也就解释了与其相关的意识体验的内容。因而，他试图找到大脑之中的"意识的标记（signatures of consciousness）"，他表示："凡是有意识的知觉产生时，它就会出现，一旦它不出现，有意识的知觉也不会出现，并且它编码了一个人所报告的全部主观体验。"[1] 具体而言，他让一连串包括字母和数字的符号出现在屏幕的同一位置，并要求被试记住其中的字母。通常第一个字母很容易就

---

① S. Dehaene. Consciousness and the Brain：Deciphering How the Brain Codes our Thoughts［M］. NY：Penguin Books，2014：142.

被记住，而如果第二个字母在第一个字母之后半秒或是更长时间出现，那也会被记住，而如果两个字母出现间隔时间少于半秒，那么第二个字母就不会被意识所觉察。迪昂表示，通过研究字母从无意识到有意识的过程中间的神经机制的变化，就可以区分出哪些是纯粹的无意识的专门模组，哪些是意识的标记。而后他总结出四个标记。

（1）会出现一个非线性的，放大并自我增强（self-reinforcing）的与大脑感觉有关的神经活动，这个神经活动会不断增强并且扩散到顶叶和前额叶的多个区域。

（2）在脑电图上会展示出一个较大的波，这个波约在270毫秒产生，并在350到500毫秒左右到达波峰，由于它是较晚出的第三个高峰值，因此迪昂将其称为P3波，或P300波（因为其往往在300毫秒左右产生）。迪昂发现，在只注意到第一个单词时，只会产生一个持续较久的P3波，而若是在注意到第一个单词之后又马上注意到第二个单词，就会先产生一个持续时间较短的P3波并迅速产生第二个。

（3）随着被试看到单词，会出现30赫兹或更高频段的γ波，而一旦被试不再看到单词，γ波也随之消散。

（4）意识体验的产生会使得神经活动从专门的任务脑区扩展到双侧的顶叶和额叶皮层，形成一个神经元同步震荡的神经元网络。迪昂特别指出，这四点必须同时满足才会产生意识觉知，不能仅仅凭借某个特征就断定意识觉知的产生。克里克曾强调40赫兹的振动是意识觉知产生的标记，迪昂表

示克里克就犯了上述错误，因为无意识的刺激也会以 40 赫兹
频率的 γ 波振动激活前额叶皮层和顶叶皮层，但其不具有自
我放大的特征，也没形成神经元的同步震荡网络，因而不会
产生意识体验。①

　　在上述基础上，迪昂最终构建了包括输入和输出单位以
及奖惩系统的全局工作神经元系统模型 DCM。在 DCM 中，
工作神经元通过远程连接使得原本各自功能独立的专家模组
彼此联系起来并形成了一个动态的全局工作空间。② 具体来
说，DCM 包括两个部分，一个是无意识的神经处理器，它们
在无意识状态下并行运作，分别处理各种感觉刺激，如声音、
气味、颜色等；另一个部分是有意识的神经元工作空间，这
是同时连接大量自主神经模块的动态网络。任何被感觉到的
刺激只有在涉及整个意识工作空间时才会被意识到，即主体
只能对意识工作空间所处理的内容有意识，而未进入意识工
作空间的神经处理器的刺激，主体是无法意识到的。无意识
的刺激要变成有意识的必要条件是有意识的注意，此时意识
工作空间与某神经处理器之间会出现一个循环强化的过程，
使得相关信息连续回荡（reverberation）。迪昂强调，全局工

① S. Dehaene. Consciousness and the Brain: Deciphering How the Brain Codes our Thoughts [M]. NY: Penguin Books, 2014: 117-140.

② S. Dehaene, Naccache, et al. Towards a cognitive neuroscience of consciousness: basic evidence and a workspace framework [J]. Cognition, 2001, 79 (1-2): 1-37.

作空间并不意味着有一个明确的神经网络区域对应着这样一个空间。[①] 虽然意识激活总是对应着额叶、顶叶皮层、扣带回等脑区的激活，这些区域在全局工作空间形成过程中也有着关键作用，但全局工作空间并不存在于上述脑区的任何一个部位，甚至不存在于任何的具体位置，全局工作空间只是一个动态的虚拟网络。

在后续研究中，迪昂将他的全局工作空间理论扩展到机器意识学说中。根据迪昂的观点，机器意识应当分为三个层次[②]：

C0：无意识加工（Unconscious processing）

C1：全局可用性（Global availability）

C2：自我监控（Self－monitoring）

其中，C0 层次的主要特征是并行性与模块化，没有觉知参与，不同模块之间也不存在交互。C1 的主要特征是串行性与全局共享化，虽然也没有觉知参与，但是不同模块之间存在着全局交互。C2 则是觉知的意识层次，在不同的研究者那里也往往被称作为元认知（meta cognition）或是元监控（meta monitoring）、元管理（meta managing）等等，在这一

---

① S. Dehaene，M. Kerszberg，J. P. Changeux. A neuronal model of a global workspace in effortful cognitive tasks［Z］. Proceedings of the National Academy of Sciences of the United States of America，1998，95（24）：152-165.

② S. Dehaene，H. Lau，S. Kouider. What is consciousness，and could machines have it? ［J］. Science，2017，358（6362）：486-492.

层次，不仅各模块间存在着全局交互，整个智能体（agent）系统还能作为一个整体产生自我意识，以及感受质。

迪昂的全局工作空间模型的优点在于很好地结合了神经科学方面，他所提出的意识的标记为意识研究提供了科学实证方面所需要的具体细节。而他的全局工作空间模型更是对于非注意盲视、注意瞬脱、失认症等怪异的意识现象给予了合理的解释。具体来说，非注意盲视现象的原因在于，全局工作空间的容量是有限的，各个专家模组像拔河一样争夺进入全局工作空间的资源。只有在原有信息退出全局工作空间之后，新的信息才能进入。因而就意识不到那些没有被注意到但却很明显的事物。① 同样的原理，注意瞬脱的原因在于，当在第一个刺激出现后 400 毫秒内出现第二个刺激时，由于第一个刺激占用了全局工作空间的觉知资源，第二个刺激无法进入全局工作空间，即使我们的感官系统和神经系统一切正常，也无法知觉到第二个刺激。② 而对失认症来说，以盲视现象为例（盲视就是视觉失认症），其原因主要源自视觉回路与全局工作空间之间的远程连接受到了损伤，因而意识不到该视觉区域内的事物，但由于视觉回路的初级视觉处理方面

① S. Dehaene，J. P. Changeux. Ongoing spontaneous activity controls access to consciousness: a neuronal model for inattentional blindness [J]. Plos Biology，2005，3 (5): 141.

② C. Sergent，S. Baillet，Dehaene S. Timing of the brain events underlying access to consciousness during the attentional blink [J]. Nature Neuroscience，2005，8 (10): 1391-1400.

是正常的，因而患者依然可以在行为上避开障碍物，或是"猜测"到物体的运动状态。① 除此之外，迪昂还意识到觉知结构在人类的机器之中的共通性，他甚至表示"当前的视知觉模型不仅解释了人脑为什么会产生各种视错觉，也解释了为什么这些错觉在面临相同计算问题的任意理性机器中也会出现"②。美中不足的是，不论是巴尔斯还是迪昂，他们的全局工作空间理论以及模型都侧重理论框架方面，没有为他们的理论与模型构建专门的算法，因而无法直接运行在机器上。

3. 沙纳罕的脑启发（brain-inspired）全局工作空间模型

沙纳罕在巴尔斯以及迪昂等人的研究成果的基础上结合了脉冲神经元以及脑启发神经层级认知架构方面的研究，提出他的全局工作空间架构（global workspace architecture）。他宣称这个架构整合了意识觉知、想象和情感三方面的能力，并且将这套模型应用到机器人模拟器 Webots 模拟的带着摄像头的 Khepera 机器人上。③

沙纳罕表示，全局工作空间架构的机器人具有以下四个

_____

① J. Driver，P. Vuilleumier. Perceptual awareness and its loss in unilateral neglect and extinction [J]. Cognition，2001，79 (1-2)：39.

② S. Dehaene，J. P. Changeux. Ongoing spontaneous activity controls access to consciousness：a neuronal model for inattentional blindness [J]. Plos Biology，2005，3 (5)：141.

③ M. Shanahan. Consciousness，emotion，and imagination：A brain-inspired architecture for cognitive robotics [Z]. In Proceedings of the AISB'05 Workshop：Next Generation Approaches to Machine Consciousness，2005：26-35.

优点。

（1）开发并行运作的硬件并不困难，而且这也是将全局工作空间运作在机器上的基本要求。

（2）全局工作空间保证了当单个进程崩溃时系统本身只是少了部分功能而不是也跟着崩溃，就如同我们所观察到的各种脑损伤案例一样。患者的意识觉知本身还能运作，但是相关的功能则有所弱化或缺失。

（3）全局工作空间有助于在添加新的进程时不需要去修改现有系统整体。

（4）全局工作空间为信息处理的异质形式（heterogeneous forms of information processing）提供了产生条件，并且将其所产生的众多意识体验的对象整合在一个整体之中。①

沙纳罕认为他的这个机器人架构可以执行期望、计划等认知功能，并且通过情感来进行动作决策，因此满足亚历山大全部的五条公理，是具备意识能力的机器人。② 沙纳罕还将其脑启发全局工作空间架构与脉冲神经元的研究相结合，从

---

① M. Shanahan，B. Baars. Applying global workspace theory to the frame problem [J]. Cognition，2005，98（2）：157-176.

② M. Shanahan. A cognitive architecture that combines internal simulation with a global workspace [J]. Consciousness & Cognition，2006，15（2）：433-449.

而有利于探索能支持全局工作空间处理过程的模型各参数范围①，同时也有利于机器的控制过程②。但是，沙纳罕的模型依然没有解决全局工作空间理论的通病，它依然回答不了为什么痛觉、视觉、思维等意识内容各自在质的感受上有所不同这个问题。究其原因，全局工作空间的系列理论都偏重于信息处理进路，因而在对觉知的现象结构的论述上并不完整，它认为是否产生意识觉知的关键在于处理中的信息是否进入全局工作空间之中，这迈出了对觉知结构进行说明的第一步，但这种解释还不完整，它仅仅将意识看作是同质化的因果性信息处理，而没有彻底挖掘出信息处理背后的现象结构，因而，没有现象结构的说明，全局工作空间理论就无法解释为什么同质化的信息处理会产生异质的意识内容。

二、信息整合理论

1. 信息整合理论简要概述

经过长期的神经科学与脑科学的研究发展，人们在神经

---

① D. Connor, M. Shanahan. A computational model of a global neuronal workspace with stochastic connections [J]. Neural Networks the Official Journal of the International Neural Network Society, 2010, 23 (10): 1139-1154.

② M. Shanahan. Supplementary note on "A spiking neuron model of cortical broadcast and competition" [J]. Consciousness & Cognition, 2008, 17 (1): 304-306.

相关物方面的研究已经取得了大量的研究成果，如前额叶负责思考、计划，颞叶负责听觉与记忆，枕叶负责视觉与自省等，但我们至今都没有发现哪个脑区与意识觉知是相关的。托诺尼通过长期的观察研究，总结出了与意识觉知相关的因素。

托诺尼首先排除了神经元数量的因素，他指出，小脑一样接受来自感觉体验的信号，并且能精确地控制我们的行为，而且小脑的神经元数量比大脑要多，但小脑病变只会导致站立不稳、发音障碍与吞咽困难等症状，对于意识觉知却没什么影响。其次，托诺尼排除了感觉输入和运动输出的因素，他认为负责视觉、听觉、记忆、语言、行为的脑回路对于意识的产生不是必须的。通过列举海马体的例子，托诺尼指出，负责记忆的海马体一旦受损，会使得我们记不住曾经发生的事情，但这一点确实对于产生意识体验不是必要的。同理，如果视觉、听觉、语言与行为的脑回路受损，我们也只是损失了与视觉、听觉、语言以及行为的相关体验内容，但觉知本身却没有受到影响。最后，托诺尼指出，如果将连接左右脑的胼胝体切断，意识也会随之分裂为两个，其中左半脑控制着语言机能与右半部身体，而右半脑控制着有计划的行为与左半部身体。诺贝尔奖获得者斯佩里关于裂脑症的相关研究发现，裂脑症患者的左右视野是无法共享的，如果光束呈现在右视野，患者可以准确回答其所看到的内容，如果光线呈现在左边视野，患者则会说自己啥都没看见，但是却可以准确指出光线出现的位置。而在另外一个要求将散乱的积木按照图片所示组合起来的实验中，左手始终可以很好地完成任务，右手的完成度则有点差强人意。而且，在实验中，右脑控制的左手甚至经常不受指挥地来抢本该属于右手的任务，看起来就像两个意识在争夺主导权。

基于这些因素的考量，托诺尼提出了他的信息整合理论（information integration theory，简称 IIT）。IIT 理论认为，意识是某种具有特殊结构的特殊网络的固有性质，这个性质的关键要素就是分化与整合。分化特性认为任何一个有意识的系统拥有大量高度分化的信息状态；整合特性认为，要使这个系统变得有意识，需要将这些高度分化的信息状态整合为一个单一的、整体性的、不可还原的信息状态。在托诺尼看来，所有意识状态都是高度整合的：我们所意识到的信息总是整体地呈现，无法被分割为独立的组成部分，例如，当我们轮流闭上一只眼，不难发现双眼所获得的画面信息的一些差别，而大脑最终却自动将二者整合为一幅完整的意识画面，这便是大脑信息整合的功能。意识觉知体验的产生就基于整个高度分化的意识系统呈现的高度整合状态，当大脑被麻醉的时候，各个脑区都很活跃，但是相互之间信息整合的程度很低，因而也就没有意识觉知状态，而人在无梦睡眠状态下，各个脑区的活跃程度高度一致，整合程度很高，但是分化程度很低，因而也是没有意识觉知状态发生的。而人在清醒状态下，不仅各个脑区有着大量分化信息，而且还存在着高度的整合状态，前额叶皮层与各个脑区都直接存在着远距离的连接。

具体而言，托诺尼的信息整合理论从现象学属性着手，归纳出了五条现象学公理[①]：内在存在（intrinsic existence）、构成（composition）、信息（information）、整合（integration）与排他（exclusion）。所谓内在存在指的是我们的意识作为内在体验，是私密的，具有一种内在的主观性。所谓构成指的是我们具有数量庞大的意识状态，这些意识状态构成了我们的意识体验。所谓信息指的是每个意识体验都包含一定的信息量，这些信息整合的程度就是 Φ 值，信息量不同，所整合出来的意识体验程度也就不同。所谓整合指的是意识是高度统一的整体，不可以还原为独立的组成部分。例如，我们不可能将看到一件事物的形状和颜色的体验进行分离。所谓排他指的是意识只能体验到众多可能的意识状态的极少数，一旦意识觉知呈现了某个意识内容，就会同时排除其他意识内容，如双眼竞争实验中，左右眼呈现不同的图像，则左右眼的图像是交替呈现在意识中的，当意识觉知左侧图像时，就无法同时看到右侧图像，反之亦然。

整体来说，信息整合理论的主旨思想在于考察比对某系统的过去以及未来的潜在状态的两个概率分布，这些概率分

---

① M. Oizumi，L. Albantakis，G. Tononi. From the phenomenology to the mechanisms of consciousness：Integrated Information Theory 3.0 [J]. Plos Computational Biology，2014，10（5）.

布同时又受到现在状态的影响，这种机制被称为因果相互作用（cause-effect repertoire）。根据因果相互作用，现在状态要比过去的潜在状态以及未来的潜在状态具有更少的不确定性，而当我们将系统划分为独立的部分时，就会造成因果相互作用上的损失，同时造成系统的过去以及未来的潜在状态在确定性上的损失。其损失的最小值就是 Φ，其含义是系统整体因其自身的内部因果相互作用导致的自身状态的确定性超出的其组成部分的集合体的确定性的最小量值。

在托诺尼看来，意识体验是不可还原的整体属性，只有在系统整体所产生的因果相互作用的不确定性比由其所分割而成的组成部分累加的因果相互作用的不确定性小，才有可能产生意识体验。而在所有可能范围内产生的这个整合信息 Φ 的最大的因果相互作用，就被称作最大的不可还原的因果相互作用（maximally irreducible cause-effect repertoire），而由一个与局部最大化的整合概念信息 Φ^{Max} 相对应的状态的复杂性所产生的概念结构，就是最大的不可还原的概念结构（maximally irreducible conceptual structure，MICS），这个 MICS 就对应于感受质，因而意识体验就可以通过对比系统的整合因果性信息和系统各组成部分的因果性信息的组合来测量。托诺尼用大写的 Φ 表达系统层面的信息整合程度（integration at the system level），而用小写的 φ 表达机制层面的信息整合程度（integration at the mechanism level）。按照信息整合理论，对于一个意识系统来说，系统整合程度 Φ 的值要大于系统各独立部分产生的信息总和。Φ 值低下就说明系统中各组成部分之间相对独立而整合程度低下，这种情况无法产生意识，这也就解释了为什么对各自模块相对独立的小脑来说，其神经元数量庞大却对意识的贡献不大。

2. 信息整合理论的理论优势

托诺尼的信息整合理论在量化测量意识觉知方面提出了一种受到神经科学专家认可的方案。西雅图艾伦脑科学研究所的首席科学家兼所长克里斯托夫·科赫（Christof Koch）就是信息整合理论的拥护者，他宣称信息整合理论是"朝正确方向迈进的一步。如果最终它被证明是错的，其错误也将以有趣的方式阐明了意识这个问题"。[①] 而实际上，信息整合理论也为怪人难题提出了新的解决思路。怪人的难题认为，怪人在言语行为方面都与正常人类完全一致，不可能通过言语行为方面来区分怪人与人类，而由于觉知的私密性，也无法通过探知怪人所觉知到的意识内容来进行区分，如果有人造出了这样的怪人机器人，宣称这个机器人也是具有意识的，我们该如何检测出它是否具有意识呢？而根据信息整合理论，意识觉知是与信息分化与整合的量相关的，越是清晰强烈的意识，其所包含的信息分化与整合的量也就越多；而若是信息分化与整合的程度越低，则意识觉知的水平也越低。动物

① 克里斯托夫·科赫著，李恒威、安晖译. 意识与脑：一个还原论者的浪漫自白 [M]. 北京：机械工业出版社，2015：152.

的神经系统分化状态比我们人类要少，因而其意识水平也低于人类；同样地，尽管怪人的信息的分化程度相当高，但由于其并没有如同我们一样的意识觉知体验产生，也就是说其整合信息程度是非常低的，通过测量 Φ 值，就可以对怪人与正常人类进行区分，从而解决了这一难题。

在另一方面，信息整合理论还尝试着对对象性的感受质进行理论刻画。概括地说，感受质可以对应于某个系统的感受质空间（Qualia Space）中的某个几何体。如果两个几何体相似，那么其所对应的两个意识体验就相似，托诺尼表示："在原则上，现象体验之间的相似或不同都可以量化为其对应的形状之间的相似或不同……蝙蝠的意识体验仅仅是一个 Q 空间中的几何体，至少在原则上，其形状是可以客观比较的。"[①] 而这个几何体的性状则由信息之间的关系决定，相同的感受质就意味着具有相同的整合信息，因此，根据信息整合理论，如果我们通过机器构造出 Q 空间与蝙蝠的 Q 空间相同，且机器与蝙蝠的 Q 空间内的各自的几何体相似或相同，我们就可以认为机器实现了蝙蝠通过回声感知环境的这种"感受质"。

3. 信息整合理论的不足之处

尽管信息整合理论提出了一种测量意识的计算模型，并

---

① G. Tononi，D. Balduzzi. Towards a Theory of Consciousness [A]. M. Gazzaniga (Ed). The Cognitive Neurosciences [C]. London：The MIT Press，2009：1201-1217.

且给出了相应的数学公式，但不少反对者针对计算方面提出了质疑。在计算难度方面，撒加德（Paul Thagard）通过研究托诺尼所提供的 Φ 值的计算公式，指出 Φ 值的计算等价于 NP 完全问题①，因而没有合适的算法来计算 Φ 值。因为 Φ 值的计算难度是成指数级增长的，要计算 Φ 值，需要先考虑分割系统的所有可能方式，如将这个系统分成两个部分的所有方式，以及分成三个部分的所有方式等，直到达到原子程度的分割，在这个程度上组成的网络的所有单元都被认为是孤立的。所有这些分割的数量是极其巨大的，例如，秀丽隐杆线虫的神经系统仅仅具有 302 个神经元，而其被划分为部分的方式的数量是 10^{467}。而人脑约由 10^{12} 个神经元组成，而每个神经元又有约 10^3 个突触，意识是这些神经元及其突触所产生的高度复杂化的活动。以目前的技术水平来说，进行规模如此庞大的运算是几乎不可能的。而且，从计算结果方面来看，混沌动力学方面的研究早已指出，初始的微小的扰动在规模放大之后都能产生巨大的差距。洛伦兹（Edward Lorenz）通过研究指出，仅仅是初始条件的小数点后取前 3 位和前 6 位这样微小的差异，在进行规模庞大的计算后得出的结果也会产生巨大的差异，正所谓失之毫厘，谬以千里，而 Φ 值的计算规模足以使得最终的计算结果的差距与真实数

①　P. Thagard，T. C. Stewart. Two theories of consciousness：Semantic pointer competition vs. information integration ［J］. Consciousness and Cognition，2014（30）：73-90.

值存在着不容忽视的偏差。而意识测量的一个特征就是其模糊性，我们对意识感受只能粗略地做一个区间划分，却无法给出精确到小数点后几位程度的疼痛划分，而这一特点无疑会影响到 Φ 值的计算精度。

在理论建构的完整性方面，信息整合理论则遭到更多的批评，撒加德批评道，信息整合理论并没有很好地解释意识的不同觉知体验是如何产生的，而对于疼痛的感觉、寒冷与炎热的感觉、悲痛与喜悦等情绪感受，信息整合理论无法很好地解释这些意识觉知体验是如何变化的。[①] 此外，信息整合理论也没有解释对于不同种类生物的意识差异。可以说，用信息整合来解释意识的现象体验，并不比用神经机制来解释意识的现象体验要高明。意识的现象特质依然没有得到很好的说明。

在哲学层面，希尔勒（J. R. Searle）则认为，科赫作为信息整合理论的支持者错误地理解了意识的本质，标准的科学解释都是因果性的，意识的解释鸿沟就是因为源自身心之间因果关系的理论缺失。我们想知道大脑过程是如何在因果效力上产生意识的，而科赫并没有宣称信息产生意识，而是宣

① P. Thagard，T. C. Stewart. Two theories of consciousness: Semantic pointer competition vs. information integration [J]. Consciousness and Cognition，2014（30）：73-90.

称特定的信息本身就是意识。① 此外，信息整合理论还因为其泛心论倾向而饱受争议，信息整合理论认为意识有程度之分，任何系统，只要是拥有分化与整合的意识状态，都可以被认为是有意识的。"简单的物质都有一点点 Φ。质子和中子是由在孤立状态下无法被观察到的一个三联夸克组成的，它们构成了一个极微小的整合系统……苍蝇的 Φ 实际上远远低于我们处于深睡时体验到的 Φ，更不用说细菌和粒子了。它们至多对某物有一种模糊和无差别的感受。"② 根据这一论断，智能手机也因为具有极其微小但非 0 的 Φ 值而可以被认为具有极低的意识程度。科赫本人则乐于接受这种泛心论，他表示："所有事物在某种程度上都具有感觉能力这个假设，因为它的优雅、简单性和逻辑一致性而极为吸引人。"③ 阿伦森（Aaronson）则对此提出了质疑，他认为，根据信息整合理论的界定，只要具有 Φ 值，就具有意识，那么就可以根据 Φ 的计算规则特别构造出一个毫无意义却具有极高 Φ 值的矩阵，而区区一个矩阵运算就具有意识显然是难以置信的。

此外，我们认为，Q 空间对感受质的描述，虽然有其创造性意义，但仍然有未能解释的地方。Q 空间试图刻画对象

---

① J. R. Searle. Can Information Theory Explain Consciousness? [J]. The New York Review of Books，2013（1）：10.

② 克里斯托夫·科赫著，李恒威、安晖译. 意识与脑：一个还原论者的浪漫自白 [M]. 北京：机械工业出版社，2015：150.

③ 同上.

性感受质，但我们上文分析过，对象性的感受质既包括感觉，也包括感受，感觉可以通过这种 Q 空间几何体刻画来进行描述，而感受不行，Q 空间刻画无法解释疼痛的那种质是怎么回事，究其原因，感受是与主体直接对应的，仅仅对觉知对象进行理论刻画并不是一个完整解释意识觉知的理论，还必须对主体的觉知的现象结构本身进行解释。

综上所述，信息整合理论在脱离神经机制的说明的基础上提出了与意识的觉知机制所关联的一种可被检验的方面，因而就可以通过检测 Φ 值来检验机器所构建的觉知机制是否成立。但是，信息整合理论依然无法说明意识的现象体验的那种质的特性到底是怎么回事，究其原因，信息整合理论也是属于信息处理进路的，它并不是一种解释觉知结构的理论，而是检验觉知是否产生的理论。就像我们可以用"标准大气压下"和"100 摄氏度"两个条件来检验水是否沸腾，而用"随着温度升高，分子运动速度加快，分子间间隔变大"来解释水的沸腾。在觉知的现象结构方面，信息整合理论还有待发展和补充。

三、高阶表征意识理论

意识的高阶理论也是觉知机制研究中比较热门的理论。其研究起始于对有意识的状态（conscious state）的解释。高阶理论首先区分了生物意识（creature consciousness）与状态意识（state consciousness）。前者属于整体论述，指的是生物作为个体而言所具有的意识，后者属于部分论述，指的是根据特定性质所划分出来的不同意识状态。另外一种区分是及物意识（transitive consciousness）和不及物意识（intransitive consciousness）。及物意识指的是意识觉知总带有其觉知对象，"我觉知到"这种句子是没有意义的，只有加上特定对象以后，这个句子才具有意义。不及物意识则没有具体的觉知对象，它只是描述了意识状态所具有的特定性质。试对比以下三个状态。

S1：我是有意识的。

S2：我意识到（is conscious of）那杯水。

S3：我想要喝水的渴望是有意识的。

其中的 S1 和 S2 就是生物意识，S3 就是状态意识。S2 是及物意识，S1 和 S3 则是不及物意识。因此，可以得出，S1 涉及不及物的生物意识，S2 涉及及物的生物意识，S3 涉及不及物的状态意识。值得注意的是，及物的状态意识并非不存在，但是在日常语言中，其不符合文法，如"我想要喝水的渴望意识到那杯水"这样的表述是不自然的。在常理上，生物意识也是由状态意识所构成的，一个人不可能是具有生物意识但却不处于一种意识状态之中，那样的情况是矛盾的。因而研究的重点就在状态意识，而非生物意识。例如，神经生理学家总是根据状态意识而非生物意识来匹配神经脉冲的情况，而这种状态意识研究的关键方式就是表征。因此高阶理论实际上属于一种表征主义（representationalism）。

1. 一阶表征

表征主义又细分为一阶表征（first order representation，缩写 FOR）和高阶表征（high order representation，缩写 HOR）。一阶表征的代表人物有德雷斯克和泰伊。他们提出一阶表征理论的目的在于用经验的表征内容来描述意识体验的现象性质。一阶表征理论的核心在于透明性（transparency），这种观点认为感受质就是所感知对象自身的质性，而非意识主体的内在属性。例如，我们看到红花的红色，就是红花吸收了光的其他频段，并反射出来红色频段的光。因而所有的感受性都可以看作是意识对外在或内在事物的表征。

但是，一阶表征难以解释各种"心不在焉"的无意识情况，一个比较经典的例子就是"变化盲视"（Change Blindness），伊利诺大学的丹尼尔（Daniel Simons）就此设计了一个经典的心理学实验。实验的内容是播放一段由几个人穿着白色或黑色的衣服在传球的影像，并且在你观看之前让你注意穿黑色衣服的人互相传了几次球。而实际上，在播放中途，会有一个人穿着显眼的大猩猩的道具服在人群中经过，然而相当一部分参与试验的被试表示自己没看到这个大猩猩。如果现象意识就是对外部事物的表征，那么完整地看完影片的被试就不可能没"看到"大猩猩。而生活中更为常见的例子则是，当你全神贯注地看书的时候，你是意识不到窗外的噪音的，而一旦你从专注的状态中回过神来，你就立马意识到了窗外的噪音。如果根据透明性，你必须自始至终都意识到窗外的噪音，这明显是与生活的实际体验不相符的。而对高阶表征理论来说，意识源自一个人对自己内部心理状态的觉察和表征。无意识的动作和有意识的状态的区别在于，有意识的状态具有关于当下状态的高阶意识，这一点是无意识状态所不具备的。罗森塔尔（Rosenthal D.）明确提出，拥有一个合适的高阶状态是有机体拥有意识状态的充分必要条件。①

2. 高阶表征

高阶表征理论对觉知的现象结构有着比较明确的描述，并且将感受质那些质的特性的原因归为觉知结构，也就是说，现象意识的那种质的特性是由主体觉知提供的，当主体无意识的时候，一阶状态没有被主体所觉知，因而也就没有现象的质产生。而当主体有意识时，一阶状态为主体所觉知，主体对这些心理性质的觉知构成了具有质的特征的主观呈现。一阶状态具有什么性质与现象特征并没有关系，主体并不是靠照亮一阶状态的现象特征来实现觉知的。高级状态觉知一阶状态的同时赋予了这个过程一种质的特征。这种解释对于盲视现象和幻肢现象提供了很好的说明。盲视现象产生的原因在于负责高阶表征功能部分的初级视皮层脑区受到破坏，因而丧失了意识体验所具有的那种质的特性，但是保留了与

① D. Rosenthal，J. Weisberg. Higher-order theories of consciousness〔J〕. Scholarpedia，2008，3（5）.

视觉相关的底层信息操作部分。对幻肢现象来说，虽然负责
原始感觉输入的肢体已经被截肢了，但是大脑中负责这个肢
体感受的脑区依然会时不时进行神经元放电，虽然这种放电
带有随机的特征，但依然为高阶意识所觉知，并为主体带来
已经不存在的肢体的感觉与感受。利康指出，高阶表征理论
"提供了我所知道的对'主观性'和'看起来像是什么样'的
问题的最好解答"。①

  按照高阶心理状态对一阶心理状态的对待方式的不同，
高阶理论又分为高阶思维（High Order Thought，HOT）、
高阶感知（High Order Perception，HOP）②、自我表征主义
/同阶理论（Same Order Theory，SO）。HOP 的观点最早可
以追溯到洛克的《人类理解论》，其主要支持者是阿姆斯特朗
（David Armstrong）③和利康（Lycan W. G.）④。HOP 较为
强调感觉，其理论的基础在于内感觉理论（inner sense theo-
ry），内感觉理论认为，高阶表征状态就是内部的感觉状态，
就像眼睛、耳朵感觉外部环境并进行表征一样，与对外部世

① W. G. Lycan. Consciousness as Internal Monitoring，I：The Third Philosophical Perspectives Lecture［J］. Philosophical Perspectives，1995（9）：1-14.

② D. M. Rosenthal. Varieties of higher-order theory［J］. Acta Analytica，2004（1）：16-44.

③ David Armstrong. What is Consciousness?［J］. Consciousness，2005，52（5）：781-793.

④ W. G. Lycan. Consciousness and Experience［M］. The MIT Press，1996.

界的外感觉相对应，存在着内感觉器官。当高阶状态感觉（sense）到眼睛、耳朵等外感觉器官提供的一阶表征时，意识就得以产生，而不需要有特定的概念内容。阿姆斯特朗认为，意识无非就是拥有内在心理状态的人对那些状态的觉知（awareness）。① 相对地，HOT 的主张者维斯伯格（Josh Weisberg）等则认为，高阶表征作为一种认知的思维状态，是具有概念内容的思想。② 也就是说，当主体感知到某物时，同时还必须"思考"到这个感知，这份感知才是具有意识的。HOP 和 HOT 的区别可以简要概括如下：使得某个心理状态成为意识状态的高阶表征本身究竟是感觉，还是思想。HOT 理论又分为实在主义（actualist）和倾向主义（dispositional-ist），实在主义的主张者是罗森塔尔③，倾向主义的主张者是卡鲁瑟斯（P. Carruthers）④，二者的区别主要在于，卡鲁瑟斯强调高阶的思维内省能力是潜在的（potential introspec-tion），不必实际发生，而只是随时有发生的倾向，而罗森塔尔认为这种高阶内省能力是主动的（active introspection），

---

① D. M. Armstrong. A Materialist Theory of The Mind [J]. Analytic Philosophy，1968，9（3）：6-8.

② John Weisberg. Abusing the notion of what-it's-like-ness: A response to Block [J]. Analysis，2011，71（3）：438-443.

③ D. M. Rosenthal. Consciousness and Mind [M]. Oxford University Press，2005.

④ P. Carruthers. Phenomenal Consciousness: A Naturalistic Theory [M]. Cambridge University Press，2000，16（2）：35-45.

必须是实际发生的。

高阶理论提出后也遭到了众多研究者的反对。首先是高阶理论的定义容易引起高阶表征之上还需要高阶表征的无限退行。但只需要宣称高阶状态本身也和一阶状态一样是无意识的，就可以将所需阶数控制在二阶。而只有在内省的情况下，才需要第三阶或更高阶的状态。其次是婴儿与高等动物的高阶意识问题。根据高阶思维理论，具有某种现象特性的原因是具有表征这个特性的高阶思维，而婴儿和高等动物显然不具有"我正处于某种状态之中"这样的概念思维能力，因而，根据高阶思维理论，婴儿和高等动物也就无法具有现象意识。但是婴儿和高等动物都具有意识体验是神经生理学的相关证据支持的。因而，质疑的焦点就转变为质疑高阶思维理论的定义，也就是否认所有有意识的心理状态都具有概念内容。

更深层的困难源自布洛克针对 HOT 理论提出的误表征的责难。他指出，HOT 以及 HOP 可以分为激进策略和温和策略两种，激进策略带有形而上学指向，试图解释为什么某些意识状态具有像是什么样的属性，而温和策略仅仅解释意识的高阶特性，而现象体验那些"像是什么样的"是另外一种特性，这种特性并不能通过高阶意识理论得到解释。

布洛克的主要批判对象是激进策略，他指出，表征关系本身就存在着误表征（misrepresentation）的情况，误表征的情况分为两种：一种是被表征对象在事实上的匹配错误，即错觉（illusion），另一种是被表征对象在事实上不存在，即幻觉（hallucination）。布洛克的论证思路主要是这样的：设定一个实际上不存在于外界的高阶误表征，如此一来，这种情况下的一阶表征没有实际的外界对象，因此这个一阶表征是空的。例如幻肢现象或是橡胶手错觉（rubber hand illusion），在橡胶手错觉实验中，将被试的一只手隐藏在一块不透明板子后面，使其看不到真正的手的状态，同时，在被试面前摆上一只以假乱真的橡胶手。然后，同时用刷子在两只手上面来回触碰，在一段时间后，被试就会将橡胶手和真手混淆，这时候不再触碰真手而仅仅触碰橡胶手，也能让被试产生同样的感觉。这时候，感受依然存在，但是输入感觉信息的一阶状态是没有相应刺激的。在此基础上，布洛克又设定在同一时刻没有另外一个高阶思维表征这个高阶误表征，而根据高阶表征理论的定义，必须是一个状态对另外一个状态的表征才能构成高阶表征并产生意识，因此，在这种情况下，就只能是这个高阶思维自己表征自己，那么高阶表征理论就变为了同阶理论。布洛克认为，高阶思维理论的支持者只能有三种选择：第一是放弃激进策略，采用温和策略，不再宣称HOT能解决意识本质的形而上学问题；第二是承认意识的差别仅仅只是术语的技术层面；第三是放弃高阶理论，接受同阶理论。

罗森塔尔对此回应道，误表征并不会给 HOT 带来根本性的困难，他首先区分了精神实在（mental reality）与精神表象（mental appearance），HOT 理论仅仅致力于说明精神表象。而有意识和无意识的区分关键也正是精神表象的存在与否，因而解释的关键是精神表象，而非精神实在："对一个主体而言，一个看起来像是什么样的状态，就是主体处于这种状态下的主观表象。"①维斯伯格则直接反击道，现象意识同样也存在激进和温和的区分，温和策略指的就是意识的觉知体验，即以意识觉知为前提的意识体验，如有意识的视觉和有意识的疼痛等。而以布洛克为代表的激进策略则将现象意识当作是一种有别于认知的、意向的、功能的一元属性，也就是说，现象意识的激进策略认为，不论主体是否觉知，疼痛都具有其现象特性。而这一点明显是与生活中各种"心不在焉"的例子相违背的。根据维斯伯格的观点，高阶意识理论所要解释的是温和策略的现象意识概念，现象的那种质的特征就是由高阶表征为形式的觉知结构所赋予的，而激进策略所持有的存在独立于觉知的现象的质的特征的那种奇怪观点，应该予以丢弃。②

布洛克对此回应道，首先，罗森塔尔和维斯伯格混淆了意向对象和意向内容。在正常情况下，意向对象和意向内容是对应的，而在幻觉的情况下，就只有意向内容而没有意向

① D. Rosenthal. Exaggerated reports：reply to Block［J］. Analysis，2011，71（3）：431-437.

② J. Weisberg. Abusing the notion of what-it's-like-ness：A response to Block［J］. Analysis，2011，71（3）：438-443.

对象，而在错觉的情况下，高阶状态能在一阶对象实际上表征绿色的情况下，把一阶对象表征为红色的体验。而如果仅仅只依据意向内容而不考虑意向对象的正确与否，就会难以处理"误表征"的情况。其次，罗森塔尔和维斯伯格还混淆了"像是"（seem）的用法。布洛克指出，当我说筷子插水里看起来像是弯的，我是在报告一个表象，而当我说油箱看起来像是空的，我报告的则是一种思想。前者是在表象意义上使用"像是"，而后者是在认知意义上使用"像是"。而罗森塔尔和维斯伯格试图利用"像是"概念的模糊性来混淆认知意义和表象意义的"像是"，以此来宣称在主观表象的意义上，思想对于主观表象是充分的。① 最后，布洛克指出，罗森塔尔和维斯伯格错误地理解了他的现象意识的定义。他并没有认同过"质的特性不论是否被觉知都存在"的观点，他只是反对罗森塔尔和维斯伯格关于觉知的理论，而不是反对觉知本身，他认为觉知状态是凭借对世界以及自身的表征才变得具有意识。也就是说，相较之下，布洛克更倾向于支持同阶理论。

3. 同阶表征

---

① N. Block. Response to Rosenthal and Weisberg [J]. Analysis, 2011, 71（3）: 443-448.

同阶理论的主张者是克里格尔（B. U. Kriegel）[①]、金纳洛（R. J. Gennaro）[②]，高阶理论认为，表征状态和被表征状态是分离的，因而遭到了高阶表征状态后面还需要有一个更高阶状态，如此反复以至无穷的诘难，以及布洛克对误表征的质疑。同阶理论和高阶理论的分歧点在于，高阶理论认为意识觉知是由高阶状态和一阶状态两个不同的心理状态之间的表征关系构成的，而同阶理论认为，构成意识觉知的是同一个心理状态的高阶部分和一阶部分之间的表征关系。高阶理论将高阶状态与一阶状态的关系视为外在的，而同阶理论则将二者的关系视为内在的。克里格尔主张："对于任何心理状态 M 来说，M 是有意识的当且仅当 M 是一个对其自身的适当表征。"[③] 他将其表述如下：某个主体 S 的一个心理状态 M 是有意识的，当且仅当存在着高阶部分 M_1 和一阶部分 M_2，M 由 M_1 和 M_2 所构成，且 M_1 表征 M_2 同时也表征 M。也就是说，M_1 和 M_2 都是 M 的组成部分，它们属于同一个心理状态，M_1 和 M_2 的关系是内在的，M_1 表征 M_2 同时也将

---

① B. U. Kriegel. The same-order monitoring theory of consciousness [J]. Self-representational approaches to consciousness，2006，22（2）：361-384.

② R. J. Gennaro. Between pure self-referentialism and the（extrinsic）HOT theory of consciousness [J]. Philosophical Studies，2006.

③ B. U. Kriegel. The same-order monitoring theory of consciousness [J]. Self-representational approaches to consciousness，2006，22（2）：361-384.

M 表征为是有意识的。由于 M_1 和 M_2 都是属于 M 的心理状态，所以说 M 在表征 G（某种特定属性）的同时也把自身表征为是有意识的。

在误表征的问题上，根据克里格尔的论述，M_2 可能会将"红色的番茄"误表征为"蓝色的番茄"，从而在 M_1 的表征后让我们产生一种"看到蓝色番茄"的意识体验，但绝不可能产生这样的情况——即 M_2 将"红色的番茄"准确表征为"红色的番茄"，但经过 M_1 误表征后却让我们产生一种"看到蓝色番茄"的意识体验。对比布洛克针对高阶理论的误表征情况所提出的论证，布洛克的论证主要批判的点在于，高阶理论允许这样的情况，即高阶状态脱离一阶状态任意地表征，甚至是在一阶状态不存在的情况下进行表征。根据这种思路推理下去，我们就无法保证我们的意识体验都是"真实的"而非幻象。而在同阶理论要求同时存在一阶部分和高阶部分，如此一来，在误表征的情况下，其误表征的部分必然是其一阶部分而非高阶部分，这就保证了正常运作的一阶部分的表征的真实性，从而解决了误表征的难题。

在误表征的问题之外，同阶理论还提供了对"质的感受"的解释。列文认为，觉知的那种生动的感觉（animating sensibility）用表征是无法表达的。他强调主体对自己的意识经验具有一种认知直接性（cognitive immediacy）。[①] 克里格尔将其总结为，内在觉知与其所觉知到的东西和表征与被表征的东西对比，前者显得要更加亲密（intimate），这一特点被称作是"亲密性的异议"（objection from intimacy），更具体地说，亲密性就是"一个意识经验实际上是什么样子与它在我们看来是什么样子之间是没有鸿沟的"[②]。

克里格尔表示，表征关系完全可以说明这种亲密性关系。因为觉知的那种质的感觉本身就是被意识觉知所构建的。克里格尔指出，"觉知结构"和"质的特征"之间存在着一种"构建关系"，它们之间的表征关系也就称为构建表征（constituting representation）。他区分了觉知状态的两类属性，即被表征的属性（the properties represented）和被表征所构建的属性（the properties constituted by the representation）。他将前者称作基质属性（schmalitative properties），后者称为质感属性（qualitative properties）。[③] 具体来说，一个觉知状态 M 的一阶的部分 M_2 表征了某种特定的属性 G，而 M 的高阶的部分 M_1 把 M 表征为 G，M_2 的表征内容 G 就具有"被表征的属性"，也即"基质属性"，而 M_1 的表征内容就具有"被

---

① J. Levine. Conscious Awareness and Self-Representation [A]. U. Kriegel，K. Williford (Eds). Self-Representational Approaches to Consciousness [C]. The MIT Press，2006：173-198.

② U. Kriegel. Subjective Consciousness：A Self-Representational Theory [M]. Oxford University Press，2009：108.

③ 同上，第 109 页。

表征所构建的属性"，即 M 的"质感属性"。比如，我们看到红花时的那种意识状态 M 具有一个一阶内容 X，X 表征了红花的独立属性 R，而在第二阶则具有内容 Y：把 M 自身表征成具有这个 R。按照克里格尔的观点，一阶的内容就是基质属性，它是质感属性的基础质料；高阶的内容就是质感属性，它为我们提供了"看起来像是什么"那种的质的感受。

克里格尔表示："某个意识状态 C 所具有的蓝色的质感属性只是 C 通过内在觉知中的某种适当方式来被表征为蓝色的基质属性。"① 也就是说，被表征的基质属性就等同于质感属性。当然，在通常情况下，基质属性和质感属性是一致的（coincide），但在误表征的情况下，可能你的视觉系统将红花表征为属性 R，但却在意识体验中将红花表征为属性 G，因而这里的质感属性就是 G 而不是 R。

在此基础上，克里格尔区分了觉知的主体特征和质的特征，主体特征是所有意识状态普遍具有的，而质的特征在不同的意识状态中则各不相同。主体特征也就是质感特征，就是那种对主体而言"看起来像是什么"的"向主体呈现"的特征，每一个有意识的状态都是被主体觉知到的状态，只有主体觉知到该状态时，这个状态才向主体呈现。质的特征附属于主体特征，为主体特征服务，思维、痛觉、高兴等质的

---

① U. Kriegel. Subjective Consciousness：A Self-Representational Theory［M］. Oxford University Press，2009：109.

特征各不相同。在觉知的结构中，提供质感属性的主体特征是固定的，而提供基质属性的质的特征则各不相同。从中我们可以得出结论——在构建表征之中，主体所觉知到的基质属性是主体觉知自身所构建的，主体特征和质的特征都归属于同一个意识觉知结构之中，因而也就不存在所谓的鸿沟，这就符合了"亲密性"所需要的所有条件。同时，比起"亲知"概念，"表征"更为机器意识研究的学者所熟知，在机器意识的研究中，能用"表征"所表达的觉知结构相对而言更容易在机器上进行。此外，这种区分也对主体性和对象性两种感受质概念给予了合理的说明，其中，主体特征对应于主体性的感受质，而质的特征则对应于对象性的感受质，二者完整地整合在同一个觉知结构之中。

在我们看来，觉知行为可以视作是一种高阶表征，这种高阶表征的一阶部分表征了外部事物，构成了基质属性，而其高阶部分又通过表征基质属性构成了质感属性。而对应到机器实现方面，CRONOS 等机器都在尝试对外部环境进行内部建模，可以视作是对基质属性的尝试实现，但至今还没有任何研究尝试过在此基础上进行对质感属性的构建，而后者才是感受质的那种质的感受的关键，也是当下机器意识尚未突破的难题所在。

综上所述，高阶表征意识理论不仅直接确认意识研究的关键在于觉知（awareness），并且致力于构建一个合理的觉知理论。其通过表征的关系来表达觉知关系，从一阶表征理论发展到高阶表征理论，并最终扬弃为同阶表征理论，通过区分基质属性和质感属性解释了觉知所特有的亲密性问题，尤其是对象性感受质和主体性感受质是如何统一在我们的意识体验中的问题，因而这也是对意识觉知所具有的质的特征的一种合理解释。

四、唯识学的觉知理论

佛教修行旨在明了自己的觉性，以研究意识擅长的唯识学自然也对觉知做出了相当深入的研究。具体来说，阿含佛教和般若佛教一般认为识只有六种，而唯识学则认为识应该分为八种，并基于这种划分，将世间的所有存在划分为心法八种、心所法五十一种、色法十一种、不相应行法二十四种及无为法六种，合称五位百法。而其中，和意识觉知相关的理论主要在心法和心所法之中。

1. 唯识学的概念浅析

唯识学的集大成者世亲在《俱舍论》之中就曾提出"心王—心所"理论，他将所有意识现象及其背后的机制统称心法，心法又分为心王和心所（也称心所法）两类，此处的所是所属的意思。心所和心王的关系有三重，《成唯识论》卷五归纳为"恒依心起，与心相应，系属于心；故名心所。如属我物，立我所名"①。恒依心起，即心所始终依靠心王觉知而生起，而没有单独产生的时候；与心相应，即心王当下觉知了什么，心所一定是与当下的意识对象相关的；系属于心，即心所归属于心王，不可能脱离心王独自存在。在范畴的相似性上，心王类似于达马西奥所谓的核心意识，即觉知结构，心所法则类似于扩展意识，是意识的具体功能。作为研究"心"长达千余年的学派，唯识学对意识的研究无论是细化程度还是深度上都远远超出了当前学界对意识的划分。在上文中我们已经对比过布洛克和唯识学对于感受质概念的划分情况，并且发现唯识学的划分要更为细致，尤其指出了与觉知对应的主体性感受质，也就是识蕴的存在。而就"心王—心所"理论对比达马西奥的观点来说，达马西奥认为核心意识只具有"单一的组织层次"，而唯识学认为心王有八类共三个层次，八类心王即识蕴中的八识，而对于三个层次，《成唯识论》描述道："说心意识三种别义。集起名心，思量名意，了别名识，是三别义。如是三义。虽通八识。而随胜显。第八名心。集诸法种。起诸法故。第七名意。缘藏识等。恒审思量为我等故。余六名识。于六别境。粗动间断。了别转故。"②

在这三个层次中，最根本的层次是心，即第八识阿赖耶识，它的作用是集聚并生起其余的心、心所法，因而也叫藏

① 玄奘著，韩廷杰校释. 成唯识论校释［M］. 北京：中华书局，1998：卷五，三四一.

② 同上，卷五，三一八。

识，可以说阿赖耶识提供了意识之光的存在空间，也就是觉知的最根本的依托所在。中间层次是意，也就是第七识末那识，它的作用是以阿赖耶识为对象，构造出自我。唯识学认为末那识有恒审思量几个特性。恒是恒常，审是审查，思量则是作意，阿赖耶识虽然也是恒时相续，未曾中断，但它恒而不审，也就说阿赖耶识是没有意识自我与意识对象的分别的，而第六意识虽然也审查思量，但却审而不恒，表层意识是有中断的，如睡眠时，表层意识就中断了，而末那识则始终相续，始终将阿赖耶识认作是"我"，正因为末那识的这一我执，使得我认为睡前的"我"和睡醒后的"我"是同一个"我"。第三个层次是识，也就是前六识，即表层意识。六识的功能是了别，即分辨区别出各种意识对象。六种识分别对应不同的境，眼对色、耳对声、鼻对香、舌对味、身对触、意对法，这些境就是刺激唤醒表层意识的各种机制的外部输入信息，又称作"尘境"。前六识中最关键的还是第六意识，因为前五识只是根据外境触发的，不一定都在场，而第六意识总是在场的，称为"五俱意识"。例如眼识看到一张脸，意识就会马上进行记忆和比对，这张脸曾经在何时何地见过，所对应的人的姓名以及身份，以及对他的好恶等等。而不与前五识同时俱起，第六意识单独出现时则称为"独头意识"，独头意识又细分为入定时的"定中意识"，做梦时的"梦中意识"，以及日常生活中的"独散意识"等。需要注意的是，虽然唯识学中的第六识和西方现代意识哲学中的意识（consciousness）在范畴上有着绝大部分的重合之处，但二者并不完全等同。具体而言，第六识的界定是心对现前的对象的感受作用（受）、思考判断作用（想）、记忆过往并主动策划将来的能动作用（行）。这主要对应于意识（consciousness）之中的表层意识。而意识（consciousness）的研究往往还包括神经科学对于无意识（unconsciousness）以及潜意识（subconsciousness）方面的研究，后者有部分对应于第七识的末那识和第八识的阿赖耶识。因此，在需要区分二者概念的时候，权以意识（consciousness）对应于西方现代意识哲学的意识概念，而以第六意识对应于唯识学的意识概念。

而在心所方面，比较通行的观点是心所有五十一种，受、想，以及行蕴中的心相应法都属于心所法范畴。具体而言，心所法可以分为五类：遍行（Universal Mental Properties）、别境（Particular Mental Properties）、善心所（Meritorious Mental Properties）、不善心所（Demeritorious Mental Properties）、不定心所（The Indeterminate Mental Properties）。其中，遍行又分为五种：作意 Manaskara（attention or preliminary mental excitation）、触 Sparsa（resultant sensation）、受 Vedana（feelings aroused by sensation）、想 Samjna（ideation）、思 Cetana（volition）。别境又分为五种：欲 Chanda（will or desire to act）、念 Smrti（mindfulness or memory）、胜解 Adhimoksa（deciding）、三摩地 Samadhi（concentration）、慧 Mati（intelligence or wisdom）。善心所又分十一

种：信 Sraddha（faith）、精进 Virya（energy）、惭 Hri（shame）、愧 Apatrapya（humility）、无贪 Alobha（absence of cupidity）、无瞋 Advesa（absence of hate）、无痴 Amoha（absence of ignorance）、轻安 Prarabdhi（serenity）、不放逸 Apramada（carefulness）、不害 Ahimsa（harmlessness）、行舍 Upeksa（indifference）。不善心所又分两类：一类是根本烦恼 The Fundamental Klesas，分为六种，即贪 Lobha（cupidity）、瞋 Dvesa（hatred）、痴 Moha（ignorance）、慢 Mana（pride）、疑 Vicikitsa（doubt）、恶见 Asamyagdrsti（erroneous views）；另外一类是随烦恼 The Subsidiary Klesas，包括二十种，即忿 Krodha（anger）、恨 Upanaha（enmity）、覆 Mraksa（hypocrisy）、恼 Santapa（gloom，vexation）、悭 Karpanya（selfishness）、嫉 Irsya（envy）、诳 Sathya（dishonesty）、谄 Maya（deceit）、害 Vihimsa（harmfulness）、骄 Mada（arrogance）、无惭 Ahrikya（shamelessness）、无愧 Anapatrapya（impudence）、昏沉 Styana（sloth）、掉举 Auddhatya（recklessness）、不信 Asraddha（lack of faith）、懈怠 Kausidya（idleness or remissness）、放逸 Pramada（carelessness）、失念 Musitasmrtita（forgetfulness）、散乱 Viksepa（confusion）、不正知 Asamprajanya（wrong judgment）。而不定心所又分四种：悔 Kankrtya（remorse or worry）、眠 Middha（torpor）、寻 Vitarka（initial application）、伺 Vicara（sustained application）。

其中，仅仅就受这一类目而言，《瑜伽师地论》（卷五十三）就归纳出六类：①对触生受，即色蕴所生受，主要包括由感官知觉所引发的感受。②受自性触生受，即受蕴所生近行受，主要包括对境的苦乐感觉而引发的相应情感感受，如对舒服的感受感到喜欢，对难受的感受感到厌恶等。③增与触生受，即想蕴所生近行受，主要包括认知分别所引起的感受，如听到笑话时开怀大笑的感受，听到至亲逝世时难过的感受。④有为业生受，即行蕴所生近行受，主要包括由主观造作引发的感受体验，如成就感、挫折感等。⑤无明触生受，即识蕴所生受，主要包括三种：一种是自我意识引发的感受体验，如傲慢、内疚、羞耻、惭愧等；第二种是主体的时间持续性引发的感受体验，如后悔、焦虑、充实等；第三种是主体升华引发的高级意识体验，如道德感、责任感等。⑥明触所生受，即开悟而产生的体验感受，如解脱感、自在感。通过这些细致的划分，不难见到唯识学对意识研究的细致与深度。

借助于唯识学的细致概念界定，我们可以理清当前在机器意识研究中存在的诸多概念错乱。在上文中，我们指出，我们对感受质的理解可以分为对象性感受质和主体性感受质，当前的西方现代意识学界往往只顾及对象性的感受质而忽视了主体性感受质。通过唯识学的五蕴分类和"心王—心所"分类，我们认为，机器意识的实现仅仅研究对象性的感受质是不充分的。主体性感受质研究的缺失使得人们无法理解为什么物理事物中会产生这种对象性的感受质，从而构成了所谓的意识的难问题。因此，我们强调，要实现机器意识，还需要在主体性感受质上面加强研究，其所对应的正是唯识学的识蕴，以及"心王"。

而相较胡塞尔的现象学研究而言，唯识学的研究也要更为深入。胡塞尔的现象学认为无意识是无法研究的，我们所能研究的只能是被我们所觉知到的部分，相当于只研究到了表层意识的第六意识的层次，而唯识学则分别通过当下直觉体悟的现量方法和推理比较的比量方法，认为还存在着深层的第七末那识和第八阿赖耶识。就理论研究的深度来说，唯识学显然是要比现象学更为深入的。

而在另一方面，结合上文的分析，我们将当前的机器意识研究中所流行的智能化的言语行为表现的研究称作脑智外现研究，我们指出这部分研究并不能视作是对觉知机制的相关研究，对应到唯识学来说，这些脑智外现研究并不能算关于"心王"的研究。那么，这些脑智外现的研究算不算"心所法"的研究呢？以唯识学的观点来看，这些脑智外现的研究并不能算是"心所法"。唯识学对心所法的定义是"恒依心起，与心相应，系属于心"，简而言之，"心所法"必须与"心"，也就是与觉知对接，"心所法"无法单独生起。而那些脑智外现的研究并没有体现出与觉知对接的部分，这些研究都是脱离觉知进行的，脱离"心"的单独生起，这显然不符合"心所法"的界定。而且脑智外现的研究往往只注重对言语以及行为的模拟，《瑜伽师地论》卷一指出这只能算是表色，"表色者，谓取舍屈伸行住坐卧，如是等色"，也就是色法的范畴。也就是说，如果仅仅只有对言语以及行为的模拟而没有对觉知机制进行探究，那这种研究还远远称不上是机器"意识"研究。

对于上文提到的意识的两个难问题，唯识学也通过概念划分给予了合理的解释。唯识学认为，我们可以通过现量（当下直观）和比量（推理比较）来认识意识的本质，而这种现量的方法，根据第一人称和第三人称的不同，分为内省与观测，由于凡夫通过现量的方式往往只能通达到第六意识，而无法深入到第七识和第八识，因而，我们还可以通过比量的方式来把握第七识和第八识，并以此沟通物理机制和现象体验二者。

因此，借助唯识学之中的远比现代西方意识哲学要更细致的概念界定，我们在进行机器意识研究的时候，就有了明确的概念工具，不再因为概念的含混而在诸如意识的难问题等地方止步不前，也不再因为机器的部分脑智表现就轻易地断定机器实现了意识。可以说，唯识学的概念体系，对于机器意识研究，是具有极大的参考和借鉴意义的。

2. 唯识学的觉知理论解读

在对心的三个层次划分的基础上，唯识学将意识觉知生成与转化的过程称作"识变"，并将其归纳为"三能变"。阿赖耶识是初能变，通称异熟能变；末那识是第二能变，通称思量能变；前六识则是第三能变，通称了境能变。《成唯识论》指出，三者的发生顺序是"初能变识，大小乘教，名阿赖耶"（卷二，页八），"次初异熟能变识后，应辩思量能变识相"（卷四，页七），"次中思量能变识后，应辩了境能变识相"（卷五，页十）。即最根本的是阿赖耶识，然后从阿赖耶识之中演化诞生末那识，再由末那识之中诞生第六意识以及前五识，由此而次第发生。因而，在唯识学看来，仅仅停留在第六意识以及部分潜意识方面的研究并没有把握住意识研究的要点，阿赖耶识方面的研究才是意识研究的根本所在。《瑜伽师地论》卷五十一特别指出了八种论证阿赖耶识存在的证明："由八种相。证阿赖耶识决定是有。谓若离阿赖耶识依止执受不应道理。最初生起不应道理。有明了性不应道理。有种子性不应道理。业用差别不应道理。身受差别不应道理。处无心定不应道理。命终时识不应道理。"而且，在这八种论证中特别提到，如果没有阿赖耶识，那么我们的种种感受差别就无法得到解释："何故若无阿赖耶识，身受差别不应道理？谓如有一、或如理思、或不如理思，或无思虑、或随寻伺，或处定心、或不在定，尔时于身诸领受，起非一众多、种种差别，彼应无有，然现可得。是故定有阿赖耶识。"

"阿赖耶"的词义是"藏"，原意是储存、储藏，而其所储藏的就是"种子"，唯识学将意识的种种功能称作种子，将阿赖耶识称作种子识。阿赖耶识由无数的种子构成，而这些种子本身也是处于刹那生灭变化中的。"三能变"是在结构方面说明意识的生成变化的，而"种子说"则是在时间方面说明了意识的生成变化的。在唯识学看来，当前的意识现象称作现行，而这个现行作为"果"，有其相应的"因"，这个"因"就是种子。《成唯识论》云："此中何法名为种子？谓本识中，亲生自果，功能差别。此与本识及所生果，不一不异。体用、因果、理应尔故。"（卷六，页八）也就是说，现行与种子其实是同一个意识发生的过程阶段。在未发生作用时，称作种子，潜伏、储藏在阿赖耶识之中，而一旦受到条件刺激，种子就会生发作用，变为现行。而在另外一方面，现行也会反过来熏习并影响种子。种子生现行与现行生种子虽然在时间上有先后，但是在结构上是并列进行的。这种种子与现行的关系类似于全局工作空间理论中的专家模块与全局工作空间的关系。种子就是一个个负责具体意识机制的潜在的专家模块，成为现行就是进入全局工作空间，而全局工作空间之中的内容又会集体广播给专家模块并进而影响它们。

值得注意的是，唯识学中的"种子"基本上等同于"功能"，而此"功能"同现代西方功能主义一样都是以强调因果关系为主。如《俱舍论》卷四："此中何法名为种子？谓名与色于自生果所有展转邻近功能。"《俱舍论》卷一九："何等名为烦恼种子，谓自体上差别功能。"为反驳《俱舍论》而作的《顺正理论》也在卷一二中表示："即后心上功能差别，说为种子。"《瑜伽师地论》卷五二更是明确表示，种子就是功能而不是别的实体："非析诸行别有实物名为种子，亦非余处。

然即诸行如是种性，如是等生，如是安布，名为种子，亦名为果。"通过种子说，唯识学无疑可以与功能主义建立起关于意识功能机制的对话与交流。

就因果机制的方面来说，在含藏所有功能种子的意义上，阿赖耶识可以看作是意识的机能总体，又称根本识，而由阿赖耶识而生的各自具备的特定机能的其余七识则是七个转识。《瑜伽师地论》卷六十三云（大正30·651b）："略有二识，一者阿赖耶识，二者转识。阿赖耶识是所依，转识是能依。此复七种，所谓眼识乃至意识。譬如水浪依止瀑流，或如影像依止明镜。"以此来看，阿赖耶识就相当于软件工程中的架构（architecture），诸转识就相当于在架构中运作的各个具体模块。在生成的意义上，阿赖耶识是诸转识的因，诸转识是阿赖耶识的果，但由于转识所生的现行还会反过来熏习种子，就像阿赖耶识根据反馈来对其中的各个模块进行程序上的更新。因此在这一层意义上，转识又是阿赖耶识的因，阿赖耶识与诸转识也就是互为因果的关系。如《成唯识论》卷二云："阿赖耶识。与诸转识。于一切时。展转相生。互为因果。摄大乘说。阿赖耶识。与杂染法。互为因缘。如炷与焰。展转生烧。又如束芦。互相依住。唯依此二建立因缘。所余因缘不可得故。若诸种子不由熏生。如何转识与阿赖耶有因缘义。非熏令长可名因缘。勿善恶业与异熟果为因缘故。又诸圣教。

说有种子由熏习生。皆违彼义。故唯本有。理教相违。"① 通过种子的熏习关系，唯识学说明了关于阿赖耶识和转识的因果交互关系。

除了说明觉知机制内部的因果交互关系，唯识学也对觉知机制和物理机制，以及外部环境的因果交互给出了相应的说明。具体来说，唯识学主要是通过根身、器界、种子三个方面进行阐述的。根身又分为扶尘根和净色根。扶尘根指的是眼球等皮肤表面的知觉器官，唯识学认为这些扶尘根并不是产生眼识的真正的根身，真正的根身是净色根，也称胜义根，是一种不可见但能发生心识作用的极微色。很明显，净色根指的就是神经系统。因此，结合物理机器与虚拟机器的观点来看的话，根身就相当于物理机器，器界则是与意识系统进行交互的外部环境，而种子相当于虚拟机器里的各个具体系统。唯识学又将这三者的关系简化为"根—境—识"的相互关系，即眼耳鼻舌身意六根与色声香味触法六境以及眼耳鼻舌身意六识之间的对应关系。唯识学特别强调，仅仅是根与境并不足以产生意识体验，意识体验必须是根境识三者和合而生的。可以说，唯识学正是站在功能主义的立场来探究意识的。唯识学不仅考察了意识系统与外部环境之间的因果关系，还考察了意识系统内的因果关系。这种基本立场上

① 玄奘著，韩廷杰校释. 成唯识论校释［M］. 北京：中华书局，1998：卷二，一一六.

的一致性使得唯识学的理论体系对于机器意识研究有着直接的指导意义。

在唯识学看来，上述关于种子的机制描述属于因能变，对应于我们上文所分析的意识的因果性方面，而已经产生意识现行的意识的现象性方面则是果能变，《成唯识论》中将其分为四部分：相分、见分、自证分、证自证分。其中，相即相状，也就是意识对象的表象显现；见是照知，也就是了别、认识意识对象的能力；证是亲证、证知，自证分即识的自体对见分的确证；而证自证分则是对自证分的确证。要理解其中的含义，需要先理解一下能缘与所缘的概念。在佛学的因明理论中，事物的生起条件都包括四类，即因缘、次第缘、所缘缘和增上缘。因缘是万法生起的真正原因，增上缘是外在的推动力量，所缘缘是万法生起的所缘境界，次第缘又称等无间缘，表示生起的一种先后顺序。对意识而言，因缘是产生觉知的意识结构，增上缘是协助构成这种结构的神经系统，所缘缘就是被意识觉知的对象，而等无间缘则指前一心念对后一心念的影响作用；具体来说，"我肚子饿了"就是"我想找点吃的东西"的等无间缘。

在唯识学看来，寻找意识的神经相关物（neural corre-lates of consciousness，NCC）仅仅是做了意识的增上缘部分的研究，而心理学则负责了等无间缘部分的研究，但最为关键的是因缘部分的觉知结构，其重点在于"唯识无境"的思想。唯识学认为，意识觉知的表象，并不是通过外部实在而产生的，而是通过阿赖耶识显现出来的。《解深密经》的"分别瑜伽品"无疑很好地概括了这一点思想："彼影像唯是识故……我说识所缘唯识所现故……即此心如是生时，即有如是影像显现。善男子，如依善莹清净镜面，以质为缘还见本质，而谓我今见于影像，及谓离质别有所行影像显现；如是此心生时，相似有异三摩地所行影像显现。"而这一观点的得出主要是通过对所缘缘的探讨获得的，《成唯识论》（卷七，页四十）对此有进一步的阐述："所缘缘，谓若有法，是带己相。心或相应，所虑所托。此体有二，一亲，二疏。若与能缘体不相离，是见分等内所虑托，应知彼是亲所缘缘。若与能缘体虽相离，为质能起内所虑托，应知彼是疏所缘缘。亲所缘缘，能缘皆有，离内所虑托，必不生故。疏所缘缘，能缘或有，离外所虑托，亦得生故。"

　　简单来说，可以这样理解：意识觉知的对象分作亲所缘缘和疏所缘缘，意识觉知的主观显像是亲所缘缘，这是意识直接接触的对象，而主观显像所表征的外部物理事物就是疏所缘缘。假如将我们的意识比作通过摄影机拍摄风景，摄影机的显示器上的显像就是亲所缘缘，而被拍摄的对象就是疏所缘缘。亲所缘缘和疏所缘缘二者都可以算作是相分，其中，阿赖耶识变现的是本质相分，而诸转识变现的是影像相分。不同的物种对于本质相分所得的影像相分不同。《唯识二十颂》依此举例说，同一条河，人类看到的是清水，鬼怪看到的是脓水。此处清水和脓水的差别就是影像相分的差别，而这条河本身就是本质相分。亲所缘缘是但凡有意识觉知就具有的，而疏所缘缘则是缘色法时才具有，而在诸如独头意识的情况下就没有疏所缘缘。但总的来说，不论是亲所缘缘还是疏所缘缘，都是阿赖耶识自身所变现并识取的。因此，《成唯识论》（卷二）指出："阿赖耶识因缘力故，自体生时，内变为种及有根身，外变为器。即以所变为自所缘，行相仗之而得起故。"

根据上述分析，难陀提出，一切心识都是二分，即见分与相分："此中了者，谓异熟识于自所缘有了别用，此了别用，见分所摄。然有漏识，自体生时，皆似所缘、能缘相现；彼相应法，应知亦尔。似所缘相，说名相分；似能缘相，说名见分。"① 也就是说，阿赖耶识同时产生意识的对象（相分）与识取意识对象的能力（见分），这样才能产生我们的意识活动。缺失其中任一部分都无法说明意识现象，而且会产生理论的错乱。"若心、心所，无所缘相，应不能缘自所缘境；或应一一能缘一切，自境如余，余如自故。若心、心所，无能缘相，应不能缘，如虚空等；或虚空等，亦是能缘。"②

陈那认为，难陀的论述并不完整，他提出，见分、相分直接统一于阿赖耶识，那么意识就无法回忆过去的意识活动："达无离识所缘境者，则说相分是所缘，见分名行相，相、见

---

① 林国良. 成唯识论直解 [M]. 上海：复旦大学出版社，2000：149-151.

② 同上。

所依自体名事,即自证分。此若无者,应不自忆心、心所法,如不曾更境,必不能忆故。心与心所,同所依根,所缘相似,行相各别,了别、领纳等作用各异故。事虽数等,而相各异,识、受等体有差别故。"① 接着,他又从理论完整性方面提出必须设立自证分。他认为,一个完整的理论必须具有能量、所量和量果三分。陈那认为见分属能量,相分属所量,那么必然存在一个量果,他指出,这个量果必须是自证分,以此确证见分缘相分的作用和过程。"然心、心所一一生时,以理推徵,各有三分,所量、能量、量果别故,相、见必有所依体故。"② 因而他强调见分、相分、自证分的三分说。

安慧吸收了难陀与陈那两人的观点,他主张只有自证分才是依他起的有体法,而见分与相分都是遍计所执的非有体法,也就是说,见分与相分自身没有独立结构,必须归属于自证分下面才能构成一个独立的结构系统。自证分之中再区分相分、见分只是一种"虚妄分别",他认为从识体来说,一切心识都只有一分,也就是自证分,见分和相分都不是实在的,只是自证分的能缘与所缘,自证分就是识自体。《成唯识论述记》卷一,二四一:"安慧解云:变谓识体转似二分。二分体无,遍计所执。除佛以外菩萨已还,诸识自体即自证分,由不证实有法执故。似二分起即计所执。似依他有,二分体

①　林国良. 成唯识论直解 [M]. 上海:复旦大学出版社,2000:149-151.
②　同上。

无。……八识自体皆似二分。如依手巾变似于兔，幻生二耳。二耳体无，依手巾起。"

护法则在陈那的基础上继续提出证自证分。护法指出，三分说并不圆满，还需要加入一个证知自证分的证自证分，整个理论体系才完整。"又心、心所，若细分别，应有四分。三分如前，复有第四证自证分。此若无者，谁证第三?"在这个完整的体系中，将相分看作所量、见分看作能量，自证分看作量果仅仅只是第一重的结构，而在第二重结构中，将见分看作所量、自证分看作能量，证自证分就是量果。而为了防止"我知道'我知道'……"的无限退行，护法又设立自证分，同时还能证知证自证分，因此就有了第三重结构，将自证分看作所量，证自证分看作能量，量果就是自证分；最后就是第四重，将证自证分看作所量，自证分看作能量，量果就是证自证分。根据护法的观点，因为见分是对外的，而自证分和证自证分是对内的，所以见分无法证知自证分与证自证分，自证分和证自证分之间可以互证，最终构建的四分说的这四种情况就归纳出了意识结构所能具有的所有情况，并且避免了证知自身的无限退行。"此四分中，前二是外，后二是内。初唯所缘，后三通二。谓第二分，但缘第一，或量非量，或现或比。第三能缘第二、第四。证自证分唯缘第三，非第二者，以无用故。第三、第四，皆现量摄。故心、心所，四分合成，具所、能缘，无无穷过。非即非离，唯识理成。"①
四分说为玄奘认可并得以继承，是一个比较完整、合理的意识结构理论。玄奘表示，一分二分三分四分并不是冲突的，而是可以随着理论限定而转化。"如是四分，或摄为三，第四摄入自证分故。或摄为二，后三俱是能缘性故，皆见分摄，此言见者，是能缘义。或摄为一，体无别故。……故识行相，即是了别，了别即是识之见分。"②

参照克里格尔的同阶表征理论，见分摄取相分可以对比表征这样的形式，而安慧将见分相分统一纳入自证分的方式也正好对应于同阶表征理论中将高阶表征和一阶表征纳入同一个意识状态的方式。而"意识表征一阶状态时也表征了自身"无疑就是"自证"一词的最好注解。唯识学更进一步的地方就在于，其不仅指出了证自证分的存在，而且通过解释阿赖耶识识取自身变现的外境的过程，克服了表征理论中的透明性问题，整体来说，唯识学是比同阶表征理论要更为细致与深入的理论。

正是在这种意识的表象本身就是由阿赖耶识及诸转识构造的意义上，唯识学最终确立了"一切唯识"的思想。而对照到机器意识方面，要实现意识觉知，在因能变方面，需要确立意识的整体架构阿赖耶识，其中包含运作各个心、心所

---

① 林国良. 成唯识论直解 [M]. 复旦大学出版社，2000：153.
② 同上。

法的种子（功能模块），然后是执着阿赖耶识的见分来构建自我意识的末那识，最后才是产生我们表层意识内容的前六识，其中每一识对应的功能都是特异的。在果能变方面，机器意识研究需要构造相分及其所对应的见分、作为识自体的自证分与证自证分，这些都是缺一不可的，如果只是试图构建意识的内部影像模型，而没有见分——对这种影像的一阶觉知，以及自证分——对这种觉知行为的高阶确证的话，显然是不足以实现意识觉知的。

　　需要明确的是，我们讨论的唯识学并不是为了弘扬佛学，而是探讨佛教唯识宗派对心识研究典籍中的意识哲学方面的研究，因而不怎么涉及唯识当中的践行方面，并且在探讨研究中也多少附会了现代西方意识哲学之中的各种概念。如此一来，自然免不了在一定程度上脱离唯识宗派的原典，这方面的局限性是在所难免的，而一旦接受了这一点瑕疵，唯识学博大精深的理论资源就可以为我们所用。唯识学虽然是一个古老的学派，但其观点不仅与当下的科学发现有着诸多契合之处，也与高阶表征理论、现象学、功能主义等诸多哲学思想有着会通之处。此外，唯识学对阿赖耶识和末那识方面的研究又深入到当下科学和哲学思想都尚未接触到的领域。因此，理解并借鉴唯识学的相关研究，对于当下尚在迷雾之中的机器意识研究，无疑是有着促进作用的。起码在唯识学看来，强调神经相关物，或是去探究那些心所法的脑智表现，都不是意识研究的真正核心。理解意识的觉知与生成结构才是把握意识的本质最为核心之处。

五、小结

通过对上述四种代表性理论的分析，我们根据四种理论在意识的因果性方面和现象性方面的倾向，将其分为信息处理进路和现象结构进路两类。此外，又由于研究者们对于感受质的理解不同，也可以分为致力于实现对象性感受质的进路和致力于实现主体性感受质的进路。不难发现，全局工作空间理论和信息整合理论属于致力于实现对象性感受质的信息处理进路，这种进路属于因能变，更容易在机器中实现，但可惜的是，全局工作空间理论和信息整合理论仅仅致力于实现对象性感受质，并没有就觉知机制做出研究，因而其无法真正地实现意识觉知。而高阶表征理论和唯识学则是侧重于说明主体性感受质的现象结构进路，这一进路解释了意识觉知的现象结构，属于果能变，这一部分主要是将对象性感受质和主体性感受质统一在一个解释体系之中，可惜的是，高阶表征理论仅仅阐述了觉知的可能结构，并没有就因果性方面对机器实现做出相应的理论转述。唯一同时考虑到因果性方面与现象性方面，又考虑到对主体性感受质与现象性感受质进行说明的唯识学理论，是最适合解释意识觉知的理论。因此，我们可以尝试着结合信息处理进路和现象结构进路，借助唯识学的整体概念框架，整合出一种具备几个理论优势的觉知理论。

首先是唯识学的种子说与全局工作空间的整合，唯识学对于种子的描述与全局工作空间中的专家模块类似，二者都是产生意识现行的功能子系统。专家模块的理论优势在于，它说明了意识的注意机制，而对于那些复杂的意识现象，种子说还需要设立一种单独的种子，专家模块则只需要通过模块间的协同合作就能进行解释。种子说的理论优势在于，种子说通过熏习的说法，对于意识抉择和学习机制提出了相应的解释，这方面是专家模块的理论所没有的。因而，我们可以尝试结合二者，提出一种全新的"种子模块说"，这种"种子模块"在定义上接近于全局工作空间理论中的专家模块，主要是通过"种子模块"所构成的整体网络来产生意识体验，除此之外，种子模块会将意识的抉择产出信号烙印在整体网络中，从而影响之后的意识抉择。

其次是唯识学的识分说与高阶意识理论整合。这个部分的整合又分为四个部分。第一个部分是被意识对象，相当于唯识学中的相分，主要包括作为疏所缘缘的外部对象——鲜花、明月、清风等，以及作为亲所缘缘的内部对象——思维、推理、想象等；第二个部分是意识觉知结构中的一阶部分，相当于唯识学中的见分，其作用主要是表征意识对象，在表征的过程中，会向意识主体反馈基质属性，基质属性主要反映了被意识对象的基本内容，如红的、软的、香的等等；第三个部分是意识体验中的高阶部分，相当于唯识学中的自证分和证自证分，其作用主要是表征该意识体验的一阶部分，同时也表征整个意识状态。这是一种意识系统自表征、自觉知的过程，在这一过程中，意识主体拥有了主观体验，以及各种不同的特定的意识体验所带来的感受，如痛感、愉悦感等，这种主观体验的本质就是高阶状态表征时产生的质感属性。如果觉知结构的高阶部分未能合适地表征到一阶部分，就会产生诸如阈下知觉或是盲视等现象。

在建模计算方面，则可以促成唯识学的理论体系与信息整合理论的整合。唯识学理论尽管在概念上更为细致与深入，但它并没有数学工具的辅助，想要将其机器实现有着相当的困难。而相应地，信息整合理论在这方面则有着唯识学理论所不具备的优势，借助信息整合理论提供的算法，我们可以尝试着分别计算出五蕴、八识的信息整合程度，从而更有利于信息建模、机器实现。

就机器实现来说，这样一种觉知理论很可能是通过类似人工神经网络的方式，以某种复杂的算法构成的，并且极有可能存在一种各个功能子模块进行集体响应的整体网络，这个整体网络在表征意识对象的同时，也表征了自身。基于这种觉知理论的机器，应该可以实现意识体验，从而给意识的难问题一个可通过科学实验验证的解答。

第四章　机器意识的困境与出路

第一节　机器意识的三重困境

一、可行性上的困境

由于意识的神秘性和高度复杂性，关于意识运行的具体机制众说纷纭。研究者们纷纷提出自己关于意识的观点和模型，同时也批判其他关于意识的观点与模型。因而，宣称机器可以实现意识的机器意识研究在诞生之初就遭到了可行性上的怀疑。研究者们对可行性的怀疑主要包括两个方面——理论层面的可行性和技术层面的可行性。

在理论层面的可行性方面，机器意识难以回避这样的怀疑：我们的神经生物系统是特殊的，意识只能通过神经系统产生，而机器不具备生物系统的硬件，因而无法产生意识。这种怀疑基于这样一个事实：迄今为止，我们尚未发现在生物神经系统之外产生意识的存在物，有可能我们就处于必须通过神经系统才能实现意识的可能世界，就如同我们处于水是由氢气与氧气组成的可能世界一样。如此一来，通过机器实现意识也就成了无源之水，无本之木，其在根本上就不可能实现。可能意识在本质上是一种生物电现象，其产生依赖于特定类型的电化学过程。希尔勒则认为，意识是一种可以和生长、消化或者胆汁分泌相提并论的生物现象。[①] 按照这种观点，意识就无法在生物体之外的个体中实现。但是，不论是电化学过程还是生物的新陈代谢机制，都可以通过机器模拟，只是目前的技术还未发展到这个程度而已。生命的最基础的单元是基因，无论是细胞、病毒还是细菌都是由基因通过蛋白质表达的。而在所有生物的染色体中的基因都是由腺嘌呤（A）、鸟嘌呤（G）、胞嘧啶（C）、胸腺嘧啶（T）四种碱基大分子配对构成。从分子水平上看，基因变异就是基因在结构上发生碱基对组成或排列顺序的改变，而不同的基因排列就像不同的执行代码，生命也可以看作是执行基因代码的高等机器人。基因所表达的指令就像虚拟机器，而构成基因的蛋白质就是作为其载体的物理机器。同样道理，如果将意识视作是通过神经系统实现的，那么意识本质上也就是虚拟机器，而神经系统是作为其载体的物理机器。因而，要质疑机器意识的理论可能性，唯一的方式就是将意识看作是一

——————————

① 约翰·塞尔著，刘叶涛译. 意识的奥秘［M］. 南京：南京大学出版社，2009：3.

种有别于物理机制的独立的实体。但是，若是承认这样的观点，意识就变成了"灵魂"的同义词，相比机器意识存在的可能性，彻底独立于物质的灵魂实体存在的可能性显然要更低。此外，我们也在上文中通过对觉知机制的解释，描述了机器实现意识的可能性。因此，至少在理论可能性上，机器意识并没有遇到真正的困境。

相比之下，在技术层面的可行性方面，则存在着不少的难题。工程师们认为："大部分现有的意识理论往往来自哲学或是心理学，并不提供关于有意识的存在是什么，以及意识是如何在机器中产生的解释。他们只是提供或多或少的关于意识的隐喻式描述，而不是能直接通过计算术语实现的模型。"① 德雷福斯（Hubert Dreyfus）在其著名的《计算机不能做什么》之中将试图通过计算术语实现意识的前提总结为三个②：第一，必须将意识形式化，形式化是进行计算的根本前提，无法形式化也就无法进行计算；第二，这个形式化的系统必须得有合适的算法，意识是目前所发现的最为复杂的现象，如果没有合适的算法，那就无异于大海捞针；第三，这个算法必须有着合理的复杂度，通俗地说，计算是需要消

① R. Arrabales，A. Ledezma，A. Sanchis. CERA-CRANIUM：A Test Bed for Machine Consciousness Research［Z］. International Workshop on Machine Consciousness，Towards a Science of Consciousness，2009：1-20.

② 德雷福斯著，宁春岩译. 计算机不能做什么［M］. 上海三联书店，1986：4-7.

耗能源的，这个消耗的程度与算法的复杂度相关。而就目前的技术水平而言，这三个条件都无法满足。

就形式化方面来说，目前机器智能所流行的实现方法往往是基于符号逻辑编程的。这种方法的弊端很明显，就是一切内部状态都依赖于事先编程的输入，一旦出现编程没有预先输入的情况，机器就无能为力了。因此，如果依赖于事先编程，是实现不了机器意识的。卡普兰（C. Caplain）就明确指出，符号逻辑主义方法不可能完整描述意识现象。① 当然，在近几年，随着联结主义神经网络方法的兴起，传统的编程方法被人工神经网络方法逐渐替代。神经网络方法可以不进行事先编程，而仅仅是做好初始的权重设定，并用大量的数据样本作为输入让其学习，根据其输出的结果进行奖励或惩罚，并根据奖励和惩罚调整神经网络的权重。例如，谷歌公司曾经开发了一个 10 亿神经节点的人工神经网络，并用来识别猫。在程序员从未编程输入猫的相关特征指令的情况下，该网络自己在数百万张图片中学习并掌握到了猫的有关特征，并且在训练之后能成功识别出图片中的猫。但遗憾的是，通过联结主义神经网络方法也无法实现机器意识，就目前看来，这些经过训练的神经网络都是应对专门性任务的，它无法在不同的任务领域进行随意切换，更关键的问题在于，

---

① G. Caplain. Is consciousness a computational property? ［M］. IOS Press，1997：190-194.

福多和派立辛（Z. Pylyshyn）等人早在 1988 年就指出，联结主义神经网络方法并不能有效应对句法的灵活性与创生性。[①] 雷多闻（M. Radovan）随后在 1997 年证明，神经网络的这种联结主义方法的表达能力与传统的符号逻辑主义方法的表达能力是等价的。[②] 因此，就目前看来，联结主义神经网络的方法也无法突破形式化的桎梏。

形式系统真正的要害在于，所有包含一阶谓词逻辑与初等数论的形式系统都受到哥德尔不完备性定理的钳制。根据哥德尔不完备性第一定理，任意一个包含一阶谓词逻辑与初等数论的形式系统 S，如果这个系统是一致的，那就存在一个不可判定的命题，它在这个系统中既不能被证明为真，也不能被证明为假。1961 年美国哲学家鲁卡斯（John Lucas）在《心灵、机器、哥德尔》中表示："无论我们构造出多么复杂的机器，只要它是机器，那就都对应于一个形式系统，接着就能找到一个在该系统内不可证的公式……机器不能把这个公式作为定理推导出来，但是心灵却能看出它是真的。因此这种机器不会是心灵的一个恰当模型。"[③] 而更致命的是哥德尔不完备性定理第二定理，根据这个定理，当这个形式系统 S

---

①　J. A. Fodor，Z. W. Pylyshyn. Connectionism and cognitive architecture：A critical analysis [J]. Cognition，1988，28（1-2）：1-71.

②　M. Radovan. Computation and understanding [M]. IOS Press，1997：211-223.

③　J. R. Lucas. Minds，Machines and Godel [J]. Philosophy，1961，36（137）：112-127.

一致时，它的一致性不能在 S 内得到证明。这意味着，所有形式系统构造的机器意识都无法证明自己的自明性，而我们的人类意识显然是自明的。此外，我们人类的意识系统总是自觉知、自指涉的，而逻辑系统一旦涉及自指，就必然陷入矛盾，鲁卡斯对此评价说："我们总想制造机械式的关于心灵的模型——本质上是'死'的模型，而心灵，实际上是'活'的，它总是比任何形式的、僵死的系统表现得更好。"①

无独有偶，沃尔夫奖得主彭罗斯（Roger Penrose）在其著作《皇帝的新脑》中认为：人类判断数学真理的过程是超越任何算法的，我们总是直觉地利用洞察看到某些在数学形式系统中无法被证明的数学命题的真理性，而给定算法的形式系统则做不到这一点。结合哥德尔定理，这些命题在形式系统中都是不可证明其为真的，既然意识能直觉出其真理性，那么显然意识就是非形式化的，它必定是非算法的。人工智能的皇帝就如"皇帝的新衣"寓言中的情况一样，并没有真正地具有意识，而人工智能的专家们都假装看得到机器意识，真实的情况是，机器意识就是个虚无的"皇帝的新脑"。总之，如果我们要将意识形式化，就必须直面哥德尔不完备定理的限制，而迄今为止，我们还未能发现任何能突破哥德尔不完备定理限制的复杂逻辑系统。如果在逻辑系统这一步都

---

① J. R. Lucas. Minds, Machines and Godel［J］. Philosophy, 1961，36（137）：112-127.

未能有任何突破，那么将意识形式化也就成为了不可完成的任务。

就算意识可以形式化，在算法和复杂度方面也存在着困难，因为并不是所有可以形式化的问题都是可以通过算法解决的。图灵停机问题就是可以形式化却找不到算法解决的问题。一旦找不到算法，机器意识的实现就会成为类似停机问题这种不可解问题（Undecidable Decision Problem），目前的算法水平不仅无法通过计算术语来模拟意识觉知，甚至在模拟部分脑智功能上都存在着问题。例如，有研究指出，经过训练的深度神经网络 DNN 在图像识别领域可以达到与人类视觉媲美的效果[1]，但是，其他研究者则发现，该神经网络依然会被区区一个像素干扰从而识别错误[2]，这种错误并不会在人类意识过程中发生。人类意识不仅不会受到一两个像素的干扰，甚至是将图像大量遮盖，只留下部分特征时，也能正确识别出图像中对象的内容。

在复杂度方面，庞大的数据量本身就带来了一重困难，人脑约由 10^{12} 个神经元组成，而每个神经元都有大约 10^3 个

① Y. Taigman，M. Yang，M. Ranzato. DeepFace：Closing the Gap to Human-Level Performance in Face Verification ［Z］. Conference on Computer Vision and Pattern Recognition（CVPR），IEEE Computer Society，2014.

② J. Su，D. V. Vargas，S. Kouichi. One pixel attack for fooling deep neural networks ［DB/OL］. https：//arxiv. org/abs/1710. 08864. 2018-2-22.

突触，意识正是这些数量巨大且相互连接的神经细胞之间不可预测的、非线性作用的结果。如果通过计算机来模拟，假设每个突触需要 4 字节的内存空间，总计就需要 $4×10^{15}$ 字节的空间，目前的科技水平还远远未达到这个硬件条件，从而为算法的空间复杂度带来了限制。[①] 而且，模拟意识这种复杂现象，随着计算量的增加，时间复杂度也将呈现指数级的增长，随之而来的能耗将大大超出我们所能供应的程度。

综合以上三点的分析，机器意识在技术的可行性上可谓是面临着重重困难。看似即将实现的机器意识，本身就陷于亟需解决的技术性难题的困境之中。

二、判定标准上的困境

在判定机器是否真正实现了意识能力方面，也存在着困境。由于意识的第一人称的私密性，除了觉知主体，他者是无法直观地觉知到意识是否产生的，通常采用的方法是从外部言行、输入输出等方面进行推断。长期以来，比较通用的方式是图灵测试。其模式为：一个思维正常的人（选手 A）、一台具有智能的机器（选手 B）以及另一个具有正常思维的人（裁判 C）。裁判 C 不停向 A 和 B 发问，并根据他们的回答

---

① G. Buttazzo. Artificial Consciousness: Hazardous Questions (And Answers) [J]. Artificial Intelligence in Medicine, 2008, 44 (2).

判断 A 或 B 是人类还是机器。经过若干询问以后，若 C 不能分辨究竟谁是机器，则此机器 B 就通过图灵试验。图灵曾预言，到 2000 年的时候，在经过 5 分钟的测试后，成功判断出 B 是机器的人不会超过 70%。① 而在自我意识的判定上面，则往往采用盖洛普（Jr Gallup）于 1970 年提出来的镜像测验。在猩猩、海豚等动物平时看不到的身体某个位置点上红点，并让它们照镜子，能够成功发现红点并试图擦去的，就被认为具有自我认知能力。②

更为细致的还有罗尔（Raul Arrabales）等人的 ConsScale 量表，这个量表将意识由低级到高级分为 12 个等级，并将其与机器进行对应，其中最低级的是原子、分子，往上则是惰性染色体、病毒等。其中，ConsScale 量表将有注意力的个体排在第 4 级，有执行力的个体排在第 5 级，而将有情感的个体排在第 6 级，有自我意识的个体排在第 7 级，这几项是我们最常见的区分意识个体的项目。③

但是，总体而言，包括 ConsScale 量表在内的这些判定意识的方式都是基于行为表现或是相应的认知功能执行的，这

---

① A. M. Turing. I—Computing Machinery And Intelligence [J]. Mind，1950，59（236）：433-460.

② Jr. Gallup. Chimpanzees：self-recognition [J]. Science，1970，167（3914）：86-87.

③ Raul Arrabales，A. Ledezma，A. Sanchis. The cognitive development of machine consciousness implementations [J]. International Journal of Machine Consciousness，2010，02（02）：213-225.

种判定方式遭到众多学者的反对。他们认为我们无法仅仅通过言语和行为就判定机器具有意识，希尔勒（J. Searle）的中文之屋思想实验就指出，就算中文之屋可以在外部表现和你对答如流，但其却根本没有理解中文的真正含义。而哲学怪人思想实验进一步地强调了功能主义和行为主义判定方式无法区别外表言行相似，却没有内部觉知体验的怪人和真正有意识的个体。因此仅凭借外部言行是无法判断机器是否真的实现意识的。而根据神经活动来判定意识也存在着问题，因为没有证据证明这些神经活动就是意识觉知本身，可能在其他物种那里，同样的意识模式却是通过不同的神经机制实现的。

因此，沃尔夫（Fred Alan Wolf）在总结"意识研究的科学根据"会议的中心问题时说道："科学家根本不知道意识是什么，而且也不太确定到哪儿去找出意识的所在……当然，我们已经掌握了许多关于大脑和神经系统的知识，并且也非常了解当大脑处于清醒、睡着或麻醉状态下时，肉体如何作用……我们知道人何时是处于毫无意识的状态，并且也了解当人在想着一个苹果，或者是爱恋着某个人时，大脑会产生什么变化。但是，一旦要求科学证明或展示出意识的存在时，则根本找不到任何科学证据，能证明意识确实存在在哪儿。"[①]

① 沃尔夫著，吕捷译. 精神的宇宙［M］. 北京：商务印书馆，2005：115.

也就是说，言语行为或是神经机制这些外部表现都不能算是意识本身，在直观上能算得上是意识的证明的，就只有意识的现象体验。但是，就我们人类意识的研究发现来看，意识体验又因为私密性而不得他人所知，相信其他人具有同种意识体验，是根据我们具有相同的生理结构来进行推断的。但在机器意识方面，我们显然不能简单地推断机器具有和我们同种的意识体验。仅仅具有言语行为无法充分证明机器具有意识，而私密意识体验又无法对公共展示，如何断定机器实现了意识，是摆在机器意识面前的一道难题。

为了突破这一困境，霍兰德（O. Holland）[①] 和塞斯（A. Seth）[②] 将意识的判定标准分为两个等级：强人工意识和弱人工意识。弱人工意识仅仅致力于外部行为表现，或是达成相对应功能的输入和输出，并不要求机器具备真正的意识觉知，而只有实现与人类同等意义上的意识，即主体觉知意义上的意识能力，才能被称为强人工意识。可以轻易发现，弱人工意识相对应于上文中的脑智外现，强人工意识相对应于觉知内显。如此一来，不难看出，目前机器意识所展示的机器人，基本上都是脑智外现的研究，而鲜有觉知内显的研

[①]　O. Holland，R. Goodman. Robots With Internal Models：A Route to Machine Consciousness? [J]. Journal of Consciousness Studies，2002，10（4-5）：77-109.

[②]　A. Seth. The Strength of Weak Artificial Consciousness [J]. International Journal of Machine Consciousness，2012，01（1）：71-82.

究。值得注意的是脑机融合研究，其中从脑到机方面的研究只需要读取相应的脑电特征的输入与输出信号来操控机器，并没有对觉知过程有相关研究，其依然是属于脑智外现方面的研究，并不涉及觉知内显，因而直接对应于弱人工意识。而在另一方面，从机到脑并产生相应感受方面的研究，就目前来说，虽然是通过机器让我们产生了相关的主体感受觉知，但这种产生感受的机制依然是借用人类大脑的原生机制，研究者既没有探究机器如何独立产生主观体验，也没有借此探究人类的觉知机制，而只是止步于我们感受体验的输入端的信号特征，因而这一研究也要归入弱人工意识，而在强人工意识的门口与之失之交臂。

虽然这种方式区分了强人工意识与弱人工意识，但更深层的问题依然存在。借助这种区分，我们可以初步在强人工意识、弱人工意识以及无意识之间划分出界限。将这三者用一种塔式结构按照意识程度从高到低来排列，位于塔顶的是强人工意识，中间的是弱人工意识，塔底的则是非人工意识。目前学界针对机器意识脑智外现的诸多判定标准比较直观清晰，也容易获得认可，如镜像测试标准，或是图灵测试标准等，这些标准构成了弱人工意识的下确界，也就是说，这类明确的判定标准可以区分人工意识和非人工意识，满足这些判定标准的都可以归为人工意识，起码是弱人工意识。与下界相对应的，还存在着弱人工意识的上界，同时也是弱人工意识和强人工意识的分界岭。

这里的问题在于，尽管我们可以从定性的角度找到弱人工意识和强人工意识的分界，但却无法从定量的角度找到这个分界的确界。即是说，我们目前无法像区分弱人工意识与非人工意识一样，给出一系列定量的、明确的判定标准来区分弱人工意识和强人工意识。其原因在于，意识觉知在其本质上是通过第一人称视角直接把握到的，而第一人称视角的验证是无法定量的。例如穆勒-莱尔视错觉中，两条原本是等长的线条，却因为两端箭头的朝向不同，使得箭头朝内的线条看起来比箭头朝外的线条要短些，而艾宾浩斯错觉则是将两个完全相同大小的圆放置在同一张图上，其中一个周围围绕着较大的圆，另一个周围围绕着较小的圆，就会使得围绕大圆的圆看起来会比围绕小圆的圆要小。不仅视角如此，其他感官知觉也是同样，例如，不同的人对于同一碗菜肴的感受质各不相同，有的人觉得美味无比，而有的人觉得难以下咽，更为常见的情况是，同一个人在饿肚子的时候和吃饱的时候品尝同一碗菜肴的感受质也存在着差别。因此，在第一人称视角下想要找到一个量化标准是不可行的。

在本质意义上说，所有得到公认的定量的标准本身都必须经过第三人称视角的验证，因而不借助于第三人称视角，仅仅凭借第一人称视角的方式是无法给出强机器意识和弱人工意识的量化标准的。为了寻求确定的分界标准，我们所能依赖的只有第三人称视角的方式，若是要放弃第三人称视角，就等于是仅保留第一人称视角验证的方式来判定机器的意识觉知是否实现，这种方式无异于放弃给出强人工意识和弱人工意识之间的确界标准。然而，在另外一方面，从第三人称视角无法获得意识觉知体验的那种现象感受，而只有确证到产生这种现象感受，才能算是实现了强人工意识。也就是说，我们需要第三人称视角的机器意识的相关量化数据来判断机器是否具有强人工意识，但只有一系列量化数据又不足以充分证明机器具有意识，因为有可能在这一系列数据的背后并没有真正的意识觉知产生。这就形成了一种两难：这些判定标准要么被证明它不是意识的真正特征（第三人称视角的方式），要么它是意识的特征，但是无法得到公共的认可（第一人称视角的方式）。因而，无论采用哪种方式，我们都无法准确把握到强人工意识的量化标准，从而无法真正地区分出强人工意识，这正是机器意识在判定标准上的困境所在。

三、解释上的困境

即便工程师们成功构造出了有意识的机器，在解释为何这种构造机制会产生意识，也存在着困难，查尔莫斯（D. Chalmers）称之为意识的难问题。"我们不只是要知道哪些过程引起了经验，我们还必须看到关于为什么和是怎样的

说明。"① 找到与意识相关的物理机制并不困难，如果在内省我们的意识状态的同时观测我们的大脑状态，我们就会获得意识状态所关联的神经状态，如在感受到疼痛的同时，我们会观察到大脑的 C 纤维有放电特征产生。我们知道意识现象是与这些物理现象相关的，但我们无法解释为什么意识现象为这些物理现象所伴随。而对于有意识的机器人来说，我们同样需要解释为什么这个机器人的运作足以产生意识。自身心理状态的可报告能力，对环境的分辨、范畴化以及做出反应的能力，认知信息的整合能力或是注意等能力并不能解释意识的存在。

可以说，仅仅通过物理方面的解释对于意识是不充分的，工程师和神经科学家们可能在无数次实验中发现与意识相关的物理构造，但这种物理构造无法给予意识以充分的说明。莱布尼茨（G. W. Leibniz）就表示过："必须承认，知觉以及依赖于知觉的东西，不能用机械的原因来解释，也就是说，不能用形状和运动来解释。假设有一架机器，被制作得能够思想、感受和拥有知觉，想象它在保持同一比例的情况下在尺寸上被放大，以至于人们可以像走进磨坊一样进入它。在这种情况下，在考察它的内部的时候，我们只能看到一部分作用于另一部分，而决找不到任何能够解释知觉的东西。因

① 查尔莫斯. 勇敢地面对意识难题. 高新民，储昭华主编. 心灵哲学 [C]. 北京：商务印书馆，2002：373.

此，只能在单纯实体中而非在复合物或机器中寻找知觉。况且，在单纯实体中能被找到的只有这个（即知觉及其变化）。"① 用列文（J. Levine）的话来说，在物理的神经过程与心灵的意识现象之间存在着难以逾越的解释鸿沟（The Explanatory Gap）。② 麦金（C. McGinn）则采用了一个更为诗意的比喻："物质脑之水以某种方式转化为意识之酒，但我们对这种转化的本性却一无所知……所谓心—身问题就是理解关于这个奇迹是如何发生的问题。"③

当然，通过第三章的分析，我们认为，可以尝试用觉知机制作为解释的中介来沟通身心两端，但是，这种解决方式依然存在着困境。具体而言，这种解释模式分为两个部分，即从物理构造到觉知机制的部分和从觉知机制到现象特性的部分。其中，从觉知机制到现象特性这一部分我们已经在第三章作出了相应的解释，因而，为了构成一个完整的解释理论，我们还必须作出解释，如果没有这一部分的解释，机器意识也就只能是纸上谈兵，迈不出"实现"这一步。但是，对从机器的物理构造到觉知的部分进行解释，也具有相当大的困难。如上所述，我们在"意识磨坊"中所能看到的只可

---

① 莱布尼茨著，朱雁冰译. 神义论 [M]. 上海三联书店，2007：479.

② J. Levine. Materialism and Qualia: The Explanatory Gap [J]. Pacific Philosophical Quarterly，1983，64（4）：354-361.

③ C. McGinn. Can We Solve the Mind-Body Problem? [J]. Mind，1989，98（391）：349-366.

能是物理机制的运作，我们既无法看到意识体验，也无法看到觉知机制的运作。我们至今不确定到底是大脑的生物化学性质还是量子的性质导致觉知结构的运作。而且，就我们所使用的计算机而言，只要电路板上的任意一个小部件和机器指令表没有对应上，就会产生程序上的错误，乃至整个系统的崩溃，而有意识的机器人的物理构造显然是要比我们所使用的计算机复杂上几个量级的，其对应也应该要更为复杂。此外，作为自然塑造的意识机器，我们人脑在局部受损的情况下所展现出惊人的可塑性，这些科学发现都显示出，要把握清楚觉知结构和物理机制之间的联系并没有想象中那么简单。我们在补充觉知机制与现象体验之间的具体细节之外，还必须要完整地作出将物理构造对应到觉知机制的解释，这是机器意识研究所面临的另一大困境。

第二节　机器意识的出路

一、寻求技术上的创新

即便存在着种种困难，但总体而言，这些困难并不足以阻挡机器意识研究的进程。神经科学和人工智能科学的新进展正逐渐使得机器意识的诞生具备越来越高的可能，主要体现在：首先，大脑采用有规律的电信号/化学信号作为信息传递的载体及信号运算的物理手段，这一点机器也可以通过对电信号编码来进行模拟。卡波格罗索的研究就是通过电信号模拟神经信号的典型。其次，神经科学发现大脑各皮层存在着模块化的功能特征，通常来说，前额叶负责理性思维，原始脑负责情感处理。具体而言，单就语言功能就在大脑中分别有 S 区（运动语言中枢）、W 区（书写语言中枢）、V 区（视觉语言中枢）、H 区（听觉语言中枢）等几个模块。其中，S 区受损表现为听得懂也看得懂语言但无法说话，W 区受损表现为听得懂也看得懂但无法写字，V 区受损表现为看不懂文字但是听得懂，H 区受损表现为看得懂文字，也能读写，就是听不懂。更重要的在于，不仅脑智是模块化的，意识觉知也是如此。例如我们视觉觉知的过程，就是从视网膜转化信号，一路经过初级视觉区（V1）、纹外皮层（V2-V5）等脑区进行的，在这一过程中，任何一个模块发生问题，都可能导致最终无法产生视觉觉知，初级视皮层受损的患者会出现盲视现象，纹外皮层受损则可能出现偏盲现象。这种模块化处理信息的特点在机器系统中亦是非常普遍与常见的。随着对意识的研究的深入，人们也可能在理解觉知机制后研发意识觉知模块，从而在真正意义上实现和人类感同心受的机器意识。

而在新技术方面，首当其冲的则是人工神经网络（Artificial Neutral Networks，ANNs）。人工神经网络由众多单元组成，每个单元按照一定的数学规则输入信号并给出一个输出信号，单元之间彼此存在着连接，每个连接都有一个可变的权重，一旦输入信号经过某种数学规则计算后大于它的激活权重，那么就会激活这个连接，而如果计算后小于它的激活权重，就不会激活这个连接。神经网络的单元按照其作用不同分为输入层、隐藏层、输出层。由输入层输入信息，经过中间隐藏层的运作，在输出层输出结果。这时，由一个程序根据输出结果与实际答案的比较来调整每个连接的权重，再重新训练神经网络，这种方法就是流行的反向传播（Back Propagation）。例如，我们希望训练某个神经网络识别图片中的猫，一开始是错误百出的，会把毫不相干的事物识别成猫，也会认不出图片中的猫，而随着训练的进行，结果的误差会越来越小，直到获得基本正确的反应。人工神经网络相较以往的人工智能的最大区别在于，它是经过训练获得的特征能力，而传统人工智能是通过编程获得的特征能力。训练后的神经网络可以在面对新的数据的时候进行猜测与推理，举一反三，不需要额外进行程序修改，而传统的人工智能依赖于编程，每次面对新数据都必须对程序做出新的编程。尽管联结主义的神经网络存在着诸多瓶颈，但可以认为，我们人类的觉知结构就是由生物的神经网络所构造并产生意识的，作为一种新兴技术手段，人工神经网络技术可以通过不断地修正并优化来跨越这些瓶颈与困难，并最终通过构造觉知结构来实现机器意识。而且，近些年，以 GPT4 为首的深度神经网络已然在自然语言处理和视觉识别等心所法方面取得了部分进展。

当然，相比之下，更有希望的发展方向则是量子技术。靠量子技术来实现机器意识并非强行将原本不相干的二者糅合在一起，根据彭罗斯的研究，意识原本就与量子系统有着联系。彭罗斯指出，意识源自量子尺度的时空结构，是大脑神经元中的微管量子引力效应的结果。微管是长度从几百纳米到几米不等空管状结构，直径约为 25 纳米，由单个花生状的蛋白质——微管蛋白（tubulin）构成。他指出，微管蛋白的自身振荡会在微管表面形成量子效应的叠加态，而这种叠加态并不稳定，而当其质量和能量分布不均时，会影响各自的时空几何曲率，在量子引力达到一定的临界值时，叠加态的波函数就会坍缩，在坍缩的那一刹那，微管中就会产生意识瞬间（conscious moment）。意识瞬间并不是连续的，但是发生的速度非常快，一般是每秒 40 次，这使得我们产生了意识流（stream of consciousness）的感觉。彭罗斯把整个意识发生的过程称为客观还原（objective reduction），他的意识理论也就被称为 OR 理论。①

用量子机制的特性来描述意识系统本身的研究，显然在

---

① Hameroff Stuart, Penrose Roger. Orchestrated reduction of quantum coherence in brain microtubules: A model for Consciousness, Mathematics and Computers in Simulation (MATCOM). Elsevier, 1996, Vol. 40 (3): 453-480.

构建逻辑系统方面有着超越经典逻辑系统的优势。我们知道，哥德尔的不完全性定理限制了基于非真即假的经典二值逻辑系统实现意识的可能性，而基于这种逻辑构建起来的经典计算机同样无法避免哥德尔不完全性定理的限制。而基于量子特性构建的逻辑系统则可以超越非真即假的经典逻辑。具体而言，粒子都具有"自旋"的状态，对于某些粒子来说，自旋的角动量大小总是固定的，能改变的只能是其自旋方向，在希尔伯特空间中，其方向就只有相互正交的向上、向下两个态。而不管哪个态，都可以在经典逻辑的原则上做出是或非的测量。如果在某个方向上测量到的结果是"非"，那么与其相反的方向的结果就必然为"是"。而在量子层面，还具有第三种态，就是向上与向下两个态所叠加的纠缠态。这种纠缠态对应到逻辑的话，就是"不是不非""既是又非"，这是符合哥德尔定理的推论的。以往我们基于排中律，认为命题非真即假，但是哥德尔定理指出，大于初等数论描述的自洽系统内的某些命题既不能被证明，又不能被证伪，这就使得排中律失效了，也就是存在着真与假之外的第三种情况。早在唐代，永嘉玄觉就做出过意识系统不可能通过经典逻辑实现的论断："心不是有，心不是无。心不非有，心不非无。是有是无，即堕是，非有非无，即堕非，如是只是是非之非，未是非是非非之是。今以双非破两是，是破非是犹是非。又以双非破两非，非破非非即是是。如是只是非是非非之是，未是不非不不非，不是不不是。是非之惑，绵微难见，神清虑静，细而研之。"[①] 但是，量子的纠缠态恰好就可以描述这独立于真与假之外的第三种情况。具体到计算机的真值设定方面，我们可以将假命题的真值设定为 0，真命题的真值设定为 1，而量子纠缠的真值就同时是 0 和 1，而且这种纠缠态独立于单独出现的 0 或 1，是二者的叠加，这样的设定就使得计算机可以构建比公理化的形式系统更为复杂的系统，而这种系统是通过经典逻辑所无法实现的，比如我们的意识系统。究其原因，意识系统是高度复杂的系统，而且涉及了"以心观心"的自指，而经典的二值逻辑系统因为其描述能力的限制，无法描述涉及自指的复杂系统，如无法对"我现在说的这句话是谎话"进行真值赋值。而基于量子逻辑所构建起来的形式化系统就可以通过量子机制的复杂性，来处理包括意识在内的自指系统的复杂性。在计算能力方面，由于量子比特可以同时用 0 和 1 来进行计算，那么 x 位量子比特所能蕴含的信息量就是经典比特的 2^x 倍。而且，在计算方式上，这是一种真正的并行计算，也就是说，只要发展量子计算技术，就可以同时解决大规模计算和计算复杂度的困难，而量子计算的形式系统又不受经典的二值逻辑系统所具有的诸多限制，由此可见，量子计算技术是最有希望实现机器意识的新兴技术。

---

① 普济. 五灯会元 [Z]. 北京：中华书局，2012：93.

二、寻求解释上的革新

不难发现，意识本身的私密性和神秘性使得人们对意识的第三人称的观察和第一人称的体验难以有机地结合在一个统一的解释中，人们对于意识的认识，在第一人称视角和第三人称视角之间存在着一种缺失。笔者之前在"解释上的困境"中就讨论过，意识存在三个层面的描述：（a）纯粹主观的现象性描述；（b）客观的非物理的结构性的描述；（c）客观的物理因果性描述。基于这三个层面的划分，我们可以发现，目前的大多数关于意识的学说要么过于侧重（a）的描述，过于强调感受质的独特性，要么过于侧重（c）的描述，试图将一切的主观体验全部还原为神经活动。侯世达将其归纳为："一个是解释低层次的神经发射通讯是如何导致高层次符号激活通讯的；另一个是自足地解释高层次的符号激活通讯——建立一个不涉及低层神经事件的事论。"① 在这两种主流趋势中，关于（b）的描述被有意或无意地忽视了。换言之，在当前对意识的解释中，存在着如下两种解释框架：

A. 物理状态/神经状态→意识状态

B. 觉知结构→意识状态

---

① 候世达著，本书翻译组译. 哥德尔、艾舍尔、巴赫：集异璧之大成［M］. 北京：商务印书馆，1997：467.

　　其中，解释 A 是常见的物理—因果解释模式，而解释 B 虽然也是因果解释模式，但其并不涉及物理机制方面，而只是一种功能—因果解释模式。对解释 A 来说，也许在物理状态中我们把握到了某些意识得以产生的重要的相关参数，但仅凭这些物理参数仍然无法解释为何意识会得以产生，物理状态和意识状态之间存在着一条难以逾越的解释鸿沟。相应地，解释 B 则可以充分地说明意识体验产生的原因，查尔莫斯对此深有同感："用来解释觉知的过程，就是意识之基础的组成部分。"① 但是，解释 B 并不能算是一个完整的意识解释理论，我们之前在"解释上的困境"中就讨论过，解释 B 缺失了从物理机制到觉知结构这一部分的解释。正如侯世达所言：在主观语言和客观语言这两种论述语言之间有一个著名的分裂。例如，"主观的"红感受和"客观的"红光波长。对很多人来说这二者似乎永远是不可调和的。我不这样认为。正像关于艾舍尔的《画手》的两种观念并非不可调和一样，一种是"在系统内看"，此时两只手在互相画；另一种是从外面看，此时它们都是艾舍尔画的。对红色的主观感受来自大脑的自我感知中心，而客观的波长则属于你退出系统之外时的观察事物方式。尽管我们之中没人能退得足够远，以至于可以把一切都看成一副"大画"，但我们不应忘记这幅大画是

---

① 查尔莫斯，勇敢地面对意识难题. 高新民，储昭华. 心灵哲学 [C]. 北京：商务印书馆，2002：386.

存在的。我们应当记住，物理定律是所发生的一切的原因
——它们藏在神经网络的犄角旮旯的深处，是我们高层次的
内省式探究所无法企及的。① 我们所需要的、一个科学的、令
人信服的解释理论是一个能沟通物理状态、觉知结构、意识
状态三者的解释理论，这样的解释理论必须满足解释框架 C：

C. 物理状态→觉知结构→意识状态

对此，侯世达在《哥德尔、艾舍尔、巴赫》中就表示过：
"要想理解意识现象，我们还得经过一个漫长的过程。需要完
成的关键步骤是：对同一个脑的同一个状态来说，低层次的
描述—面向神经元的—要变成高层次的描述—面向模块的。"②
而解释 C 就是通过构造觉知结构作为物理状态与意识状态的
中介，弥补了直接通过物理状态生硬地解释意识状态所造成
的解释鸿沟，物理状态在功能上构成了觉知结构，觉知结构
则生成了意识状态，如此便能弥补从物理状态到意识状态的
解释鸿沟。一个意识的合理解释应该是按照物理状态—觉知
结构—意识状态三者对应的方式表达的。在这一点上，麦金
也有着类似的洞见，他指出，在意识状态和物理状态之间存
在着一种隐藏结构："我所设想的这种隐藏结构不会在内格尔
所建议的任何一侧：它应该在两者之间。它既不是现象的，

---

① 侯世达著，本书翻译组译. 哥德尔、艾舍尔、巴赫：集异璧之
大成［M］. 北京：商务印书馆，1997：939-940。

② 同上，第 456 页。

也不是物理性的，这一过渡层次与鸿沟的两侧都不一样，因而从任何一端出发都够不到它。要将其概括出来需要在概念上进行重大革新……这种性质应该既不是意识表层的现象性质，也不是低层物理基础的性质……它会以某种方式使得心物联接是可理解的，将我们从该问题所造成的僵局中解放出来。"①

同时，这种方式也为判定标准的困难提供了一种出路。尽管无法直接把握到机器人的第一人称的觉知内容，我们依然可以通过寻找其所对应的第三人称相关物来解决，这种第三人称相关物既不同于弱人工意识通常采用的外部言行标准，又不同于单独的脑电波、脑成像等没有与觉知结构联系起来的物理参数，它必须是以物理状态—觉知结构—意识状态的一体化理论的方式来呈现的。在这种情况下，物理状态就相当于实现觉知结构这个虚拟机器的物理载体，而觉知结构既是物理机器所要运作的功能机制所在，又是构建意识体验的真正原因。因而，只要检测到与这种觉知结构对应的物理状态，也就等同于检测到意识觉知机制的运作状态，而觉知机制的运作，则保证了意识体验的产生，这就是解决判定标准困境的关键所在。

在科学史上，利用解释中介的事例不胜枚举。我们并没

---

① 麦金著，吴杨义译. 意识问题［M］. 北京：商务印书馆，2015：129.

有亲自去太阳考察过，但我们知道太阳内部的核聚变活动；我们也没有亲自去黑洞体验过，但我们根据相应的理论推论也得知黑洞的相关性质。同样地，我们可以借鉴机器"读心术"的方式，根据机器的物理状态的变化来推断觉知机制的运作情况，并确定机器的觉知内容，从而最终解决判定标准的困难。

需要注意的是，根据多重可实现理论，特定的意识觉知结构可以对应到多种不同的物理状态。因此，解释 C 也就可以看作是两个部分的组合：

解释 C1：物理状态→觉知结构

解释 C2：觉知结构→意识状态

根据上述分析，解释 C1 是物理—因果解释，解释 C2 是功能—因果解释。在解释 C1 中，这种物理状态既可以是神经细胞的神经状态，也可以是机器的计算状态，在形成觉知结构这一点上，神经状态或是计算状态在多重可实现理论中是等价的，承认多重可实现假说的这一论断，正是承认机器实现意识的理论前提。而在解释 C2 中，任何具备特定意识觉知结构的系统都必然对应特定的意识体验，觉知结构本身才是产生意识体验的真正的原因。就当前的研究来说，我们可以根据对解释 C1 和解释 C2 两部分的侧重不同，分为侧重 C1 的信息处理解释进路和侧重 C2 的觉知结构解释进路。信息处理解释进路主要偏重于描述觉知结构的物理实现，以信息处理的方式来沟通物理机制和觉知结构。而觉知结构解释进路则主要强调意识觉知内容的结构原因。相较而言，信息处理解释进路有利于机器实现，但缺乏针对现象方面的深入探究——对其来说，在提供了关于信息加工的某些细节之后，意识现象就突然出现了，而这一出现的机制并没有真正被信息加工解释进路所阐明。而相对应的，觉知结构解释进路则从意识觉知的结构着手，说明了意识觉知是如何从这种结构之中产生的，但其往往缺乏对应这种结构的信息加工的细节说明，因而难以直接通过机器来得以实现。而若是可以整合二者的研究，就可以取长补短，在原来研究的基础上迈出新的一步。

三、寻求研究上的整合

我们的意识是一个复杂庞大的整体，而研究者们为了研究方便，往往针对意识的不同方面进行各自的研究，因此，将意识的不同方面的研究进行整合，也是机器意识研究的出路所在。根据上文，我们已经将机器意识研究分为了脑智外现研究和觉知内显研究，其中，脑智外现研究分别从情感、语言、想象、计算、认知等多方面展开了机器实现，而觉知内显研究则分别从信息加工解释进路和觉知结构解释进路进行了探索性的研究。因此，机器意识的研究整合也可以分为三个部分：

D1：脑智外现研究和觉知内显研究的整合

D2：脑智外现研究中各个具体表现方面的整合

D3：觉知内显研究中信息处理进路和现象结构进路的整合

针对 D1 来说，当前的研究主流相对侧重于脑智外现的机器实现，觉知内显机制的研究则相对薄弱得多。针对这种工程师们往往只关注脑智外现的机器实现的现状，亚历山大不无担忧地表示："完全使用人工智能那种功能的方法的那些人至少必须解释在什么程度上它们的模型可以说包括了一个现象的世界，不然他们的工作就不能被视为是对机器意识的目标做出贡献。"[①] 因此，在当前研究的基础上，整合脑智外现研究和觉知内显研究也就成为机器意识研究所必须要达成的目标。在这一方面，巴尔斯、迪昂与尚热、沙纳瀚以及所罗门、海客能等人都提出了各自的整合模型。但这些模型全都基于信息处理进路，并没有针对觉知结构做出深入研究，其理论的整体性还有待补充与加强。除此之外，脑机融合技术的发展也使得这方面的整合有着广阔的前景。

对 D2 而言，我们的意识可以从事多种复杂的任务，因此那些只能从事简单任务的机器人很难被认同其拥有意识。因此，复杂环境下处理多种任务的综合机器人也就应运而生，诸如加梅斯等人的 CRONOS 机器人、布鲁克斯等人的 COG

---

① I. Aleksander. Designing Conscious Systems［J］. Cognitive Computation，2009，1（1）：22-28.

机器人，以及切里亚等人的 CiceRobot 等。

至于 D3，通过整合 C1 和 C2 进路，使其能具体解释在呈现觉知结构的过程中发生了哪些功能机制的因果关系变化。这是真正触及众人皆感棘手的意识觉知的核心问题，这部分的研究需要同时整合第一人称视角方法和第三人称视角方法，最关键的是需要找到合适的具体的现象生成结构，以及这种现象生成结构的每个组成部分所对应的信息加工方式。而由于现象生成结构隐藏在物理机制表现和现象体验的背后，要探索现象生产结构只能依赖人工猜想建模，而当前尚未有人对此方面做出过令人信服的研究。

除此之外，在对意识理论探索的过程中，我们发现，以唯识学为代表的东方传统心法研究理论体系与西方现代科学研究理论体系之间也有着诸多可以契合之处，因此，机器意识的研究整合应该还具有：

D4：东方传统心法研究和西方现代科学研究的整合

D4 部分的研究是最为特殊的。首先，在时间尺度上，它是传统和现代的研究整合，而在空间尺度上，它是东方和西方的研究整合。不论是传统和现代，还是东方和西方，在我们的认知之中，彼此的差异都是相当大的，而将其整合，就是寻求彼此可以对话之处，并在对比彼此差异的同时求同存异，寻找从传统到现代，从东方至西方之中的"一以贯之"之处。所谓"万法归一"，可以说，踏上探索意识之路，是传统与现代、东方与西方彼此不约而同的选择。总体来说，D4

部分的研究在目前鲜有人涉及，故相关成果不多，其中比较有代表性的研究就是侯世达的《哥德尔、艾舍尔、巴赫》，以及周昌乐教授关于机器意识与中华心法的相关研究。我们仅仅探索了比较具有代表性的唯识学理论体系，而在唯识学理论体系之外，尚有禅宗心法体系、道家内丹派与儒学心法体系等有待深入挖掘。

结　论

　　通过上述分析，笔者主要探讨了机器意识的可能性。具体来说，前三章主要论述了机器意识在理论上的可能性。笔者主要是通过回答"意识是什么"和"机器意识应该通过什么方式实现"两个大问题来论证这一点。具体来说，论证的核心思想是这样的——意识在因果结构的本质上是觉知结构，觉知结构可以算是一种虚拟机器，因而只要实现了觉知结构，就会产生机器意识。在论证了机器意识在理论上的可能性之后，第四章主要就机器意识在具体实现的可能性，尤其是在方式和手段上的困难做出了阐述。我们认为，机器要实现意识，需要解决形式化的困难，还必须找到合适的算法以及合理的复杂度，无论哪一样都是当前的技术手段所无法突破的。而如何检测宣称实现了机器意识的机器是否真的具有意识，以及如何科学地解释这一现象背后的原理，都是当前机器意识研究的困难所在。之后，我们认为面对这些困难，机器意识研究的出路主要在于技术上的创新、解释上的革新以及研究上的整合，并且强调，尽管机器意识之路崎岖难行，但实现机器意识，无疑是可能的。

　　笔者认为，意识的本质并不在言语行为表现，或是推理想象等功能，意识的本质就是觉知。意识觉知是大脑运作的功能机制，意识觉知之于大脑就如同虚拟机器之于物理机器，因此，觉知才是机器意识研究的重点所在。而其背后的主线是意识生成的因果关系，对于机器与意识之间的因果关系来说，可以简要分为机器探测意识、机器具现意识和机器融合三种。严格地说，只有机器具现意识才有资格真正冠以机器意识研究，但是，机器探测意识与机器融合意识方面的研究，对于探索意识的觉知结构，无疑是有促进作用的，其最终目的就是为了让机器具现意识的觉知结构。而当前的机器具现意识研究，主要可以分为脑智外现研究、觉知内显研究两类。当前强调意识的机器具现的研究，往往侧重于脑智外现研究而忽视觉知内显研究，我们希望通过上述的研究分析，能在当前机器研究进展上取得新的突破，尤其是在觉知内显方面取得全新的进展。比较特殊的是脑机融合研究，虽然脑机融合直接对接了我们的意识，但就当前研究现状来看，它仅仅只是分析匹配了脑电波数据，没有对接到觉知机制，而且在表现形式上，通过脑电波让机器做出各种动作，最多也只能算是脑智外现研究的扩展。想要真正实现机器意识，就必然要对觉知进行研究与机器实现，如果只是针对脑智功能进行模拟，显然是无法达成机器意识的。由于是直接与意识的物理机器——脑进行对接互动，脑机融合无疑是探索觉知结构的最有希望的技术手段。

就觉知结构本身来说，可以分为因能变方面的因果性结构，与果能变方面的现象性结构。因果性结构方面的研究主要倾向于信息处理进路，从信息处理的角度来运作意识觉知，而现象性结构方面则倾向于研究现象结构进路，就现象结构来说，唯识学的"相分—见分—自证分—证自证分"的结构是一个比较完整的解释体系，简单地说，可以归纳为"觉知内容—觉知行为"的结构。觉知行为和觉知内容是一种整体关系，觉知内容所具有的感受质就是由觉知行为构造的。而我们就是希望通过对觉知行为的结构探究，并辅以这种结构的机器实现，来构造具有觉知行为能力的机器意识。

而就方法论方面而言，我们认为，实现机器意识的途径在于构建觉知机制的相关模型并在机器中实现这种模型，而构建这种相关模型必然离不开对我们人类的意识觉知的探索。我们认为，意识可以分为因果性与现象性两个方面，这两个方面是通过不同的方式把握到同一个意识本体，对应于唯识学之中的因能变与果能变。而在学科文化方面，因果性与现象性方面则体现了人文文化与科学文化的分野。科学研究的是事物的因果性质，因此科学研究之前一直将意识的现象性方面排除在外。究其原因，科学研究不可避免地要求公共性，因而自然倾向于选择容易向公共展现的因果性方面。但是，这样的科学研究在方法论上有很大的局限性。公共性要求使得科学不仅无法直接研究私密性的现象性方面，而只能借助意识现象所对应的因果机制来间接地研究，就连因果性方面的研究也受其所能探测到的公共性范围的限制，例如，在大脑探测技术发展起来之前，科学就只能探索言语行为的层面，而大脑探测技术也仅仅只能让我们知道意识所伴随的物理变化，并不能向我们直接展示产生意识现象的具体因果机制。若是不引入私密的现象性方面作参照，我们就无法仅仅通过大脑的物理变化研究所对应的意识内容。与科学研究不同的是，以唯识学等传统的心法为代表的人文文化在方法上倾向于直面私密的现象性，通过静虑、开放式监督等直观体验把握到我们主体自身的觉知。而禅宗更是强调这种直观体验，"如人饮水，冷暖自知"，在传统心法看来，私密现象性体验是不可言说的，非公共的，对意识觉知进行反思与分析反而会失去这种活生生的感受体验，所谓"言语道断，心行处灭"。科学的方式是通过考察觉知的因果关系来"理解"觉知，而人文的方式则是通过直接融入到觉知的实践活动中来"体验"觉知，二者用不同的方式深化着我们对觉知的认识。我们相信，将科学的方式与人文的方式相结合，是探索意识觉知的必经之路。一方面，传统心法研究无疑扩大了当前机器意识研究的视野；而另一方面，现代的机器实现无疑也让我们重新理解了古代的智慧结晶。通过二者的结合，我们终将把握人类意识觉知的结构，并最终构造出具有意识觉知的机器人。

后　记

　　这本书是我在心智哲学和人工智能哲学领域的抛砖引玉之作。在写作过程中，得到了我的博士生导师厦门大学周昌乐教授，以及厦门大学朱菁教授、中国人民大学刘晓力教授和浙江大学李恒威教授的倾力指导和大力支持。他们的智慧和见解为我的思考提供了宝贵的视角，使我能够更深入地挖掘这一领域的复杂性。他们的建议和批评也帮助我不断修正和完善我的理论和观点。

　　在这本书中，我尝试将"意识"的本质归结为"觉知"，并以此建立一套为侯世达、查尔莫斯、麦金、内格尔等观点迥异的心灵哲学研究者所共同认可的意识理论，并基于这一理论去探讨机器意识的可能性问题。需要强调的是，迄今为止，人类科学尚未能完全揭示意识的深层奥秘。机器意识作为一个广泛的研究领域，包含了许多复杂的具体问题，仅仅通过一本书，无法给予这些问题以详尽的解释。这些问题包括觉知机制的结构细节、机器实现觉知的具体步骤、传统心法对机器意识研究的潜在启示，以及对觉知结构产生意识体验现象的形而上学探讨和近年来颇为流行的"涉身认知"方面的研究。如果将意识研究比作在充满迷雾的大海上寻宝的话，这本书所做的，就是探索了被迷雾遮盖的一小部分区域，并在茫茫大海中发现了某些"岛屿"，这些"岛屿"或将为未来的研究提供一个可以"落脚"的起点。

参考文献

〔1〕I. Aleksander. The potential impact of machine consciousness in science and engineering〔J〕. International Journal of Machine Consciousness，2014，01（01）.

〔2〕S. EGÖk，E. Sayan. A philosophical assessment of computational models of consciousness〔J〕. Cognitive Systems Research，2012（17-18）.

〔3〕D. Dennett. Darwin's Dangerous Idea〔M〕. London：Penguin，1995.

〔4〕查尔莫斯著，朱建平译. 有意识的心灵〔M〕. 北京：中国人民大学出版社，2013.

〔5〕Carter，Benjamin. Ralph Cudworth and the theological origins of consciousness〔J〕. History of the Human Sciences，2010（07）：vol. 23.

〔6〕倪梁康. 自识与反思：近现代西方哲学的基本问题〔M〕. 北京：商务印书馆，2002.

〔7〕洛克著，关文运译. 人类理解论〔M〕. 北京：商务印书馆，2009.

〔8〕休谟著，关文运译. 人性论〔M〕. 北京：商务印书

馆，1996.

［9］吉尔伯特·赖尔著，徐大健译. 心的概念［M］. 北京：商务印书馆，2009.

［10］S. P. Rose. The conscious brain［M］. New York：Paragon House，1973.

［11］A. R. Adamantidis，F. Zhang，A. M. Aravanis. Neural substrates of awakening probed with optogenetic control of hypocretin neurons［J］. Nature，2007，450（7168）.

［12］J. Haugeland. Artificial intelligence：the very idea［J］. Philosophical Review，1989（7）.

［13］高新民，储昭华. 心灵哲学［C］. 北京：商务印书馆，2002.

［14］高新民. 心灵与身体［M］. 北京：商务印书馆，2012.

［15］G. Strawson. Mental Reality［M］. Cambridge：MIT Press，1994.

［16］D. M. Rosenthal. Consciousness，the self and bodily location［J］. Analysis，2010，70（2）.

［17］Arthur J. Deikman. I＝awareness［J］. Journal of Consciousness Studies. 1996，3（4）.

［18］A. Sloman，R. Chrisley. Virtual machines and consciousness［J］. Journal of consciousness studies，2003，10（4-5）.

［19］A. Sloman. How Virtual Machinery Can Bridge the "Explanatory Gap", in Natural and Artificial Systems ［Z］. International Conference on Simulation of Adaptive Behavior：from Animals to Animats. Springer-Verlag，2010.

［20］A. Sloman. An alternative to working on machine consciousness ［J］. International Journal of Machine Consciousness，2014，02（01）.

［21］达马西奥著，杨韶刚译. 感受发生的一切［M］. 北京：教育科学出版社，2007.

［22］丹尼特著，苏德超、李涤非、陈虎平译. 意识的解释［M］. 北京：北京理工大学出版社，2008.

［23］J. Kim. Mind in a physical world ［M］. Cambridge：MIT Press，1998.

［24］欧阳康. 当代英美著名哲学家学术自述［C］. 北京：人民出版社，2005.

［25］P. N. Johnsonlaird. Mental models：towards a cognitive science of language，inference，and consciousness ［M］. Cambridge University Press，1983.

［26］金在权著，郁锋译. 50 年之后的心—身问题［J］. 世界哲学，2007（1）.

［27］J. Kim. Multiple realization and the metaphysics of reduction ［A］. J. Kim，E. Sosa（ed）. Supervenience and Mind：Selected Philosophical Essays. Cambridge University

Press；1993.

［28］J. Fodor. Making Mind Matter More［J］. Journal of Philosophy，1987，84（11）.

［29］Z. Zhihao，L. J. Scott，P. Eric. A Complete Electron Microscopy Volume of the Brain of Adult，Drosophila melanogaster［J］. Cell，2018，174（3）.

［30］Gao，Ruixuan，Asano，M. Shoh，Upadhyayula，Srigokul. Cortical column and whole-brain imaging with molecular contrast and nanoscale resolution［J］. Science，2019，363（6424）.

［31］Y. Dan，J. M. Alonso，W. M. Usrey. Coding of visual information by precisely correlated spikes in the lateral geniculate nucleus［J］. Nature Neuroscience，1998，1（6）.

［32］G. B. Stanley. Reconstruction of natural scenes from ensemble responses in the lateral geniculate nucleus［J］. J. Neurosci，1999（19）.

［33］N. K. Logothetis，J. Pauls，M. Augath. Neurophysiological investigation of the basis of the fMRI signal［J］. Nature，2001，412（6843）.

［34］J. V. Haxby，M. I. Gobbini，M. L. Furey. Distributed and Overlapping Representations of Faces and Objects in Ventral Temporal Cortex［J］. Science，2001，293（5539）.

［35］Y. Kamitani，F. Tong. Decoding the visual and

subjective contents of the human brain [J]. Nature Neuro-science, 2005, 8 (5).

[36] S. Kerri. Brain Decoding: Reading Minds [J]. Nature, 2013, 502 (7472).

[37] G. J. Brouwer, D. J. Heeger. Decoding and Reconstructing Color from Responses in Human Visual Cortex [J]. Journal of Neuroscience, 2009, 29 (44).

[38] S. Nishimoto, A. Vu, T. Naselaris. Reconstructing Visual Experiences from Brain Activity Evoked by Natural Movies [J]. Current Biology, 2011, 21 (19).

[39] T. Naselaris, R. J. Prenger, K. N. Kay. Bayesian reconstruction of natural images from human brain activity [J]. Neuron, 2009, 63 (6).

[40] T. Horikawa, M. Tamaki, Y. Miyawaki. Neural Decoding of Visual Imagery During Sleep [J]. Science, 2013, 340 (6132).

[41] I. Aleksander, B. Dunmall. Axioms and Tests for the Presence of Minimal Consciousness in Agents I: Preamble [J]. Journal of Consciousness Studies, 2003, 10 (4-5).

[42] R. W. Picard, S. Dissertationt, W. Bender. Affective Learning — A Manifesto [J]. Bt Technology Journal, 2004, 22 (4).

[43] E. Hudlicka. Challenges in Developing Computa-

tional Models of Emotion and Consciousness [J]. International Journal of Machine Consciousness, 2012, 01 (1).

[44] E. Hayashi, M. Shimono. Design of Robotic Behavior that Imitates Animal Consciousness [J]. Artificial Life & Robotics, 2008, 13 (1).

[45] S. A. J. Stuart. Machine Consciousness: Cognitive and Kinaesthetic Imagination [J]. Journal of Consciousness Studies, 2007, 14 (7).

[46] D. Gamez, R. Newcombe, O. Holland. Two Simulation Tools for Biologically Inspired Virtual Robotics [Z]. Proceedings of the IEEE 5th Chapter Conference on Advances in Cybernetic Systems. New York: IEEE, 2006.

[47] R. A. Brooks, C. Breazeal, M. Marjanovi ć. The Cog Project: Building a Humanoid Robot [A]. Computation for Metaphors, Analogy, and Agents [C]. Berlin: Springer-Verlag, 1999.

[48] A. Chella, M. Liotta, I. Macaluso. CiceRobot: a cognitive robot for interactive museum tours [J]. Industrial Robot, 2007, 34 (6).

[49] I. Aleksander. Why Axiomatic Models of Being Conscious? [J]. Journal of Consciousness Studies, 2007, 14 (7).

[50] J. J. Eggermont. Between sound and perception:

Reviewing the search for a neural code〔J〕. Hearing Research，2001，157（1-2）.

〔51〕A. M. Owen，M. R. Coleman，M. Boly. Detecting Awareness in the Vegetative State〔J〕. Science，2006，313（5792）.

〔52〕周海中. 机器翻译50年〔A〕. 黄国文，张文浩主编. 语文研究群言集〔C〕. 广州：中山大学出版社，1997.

〔53〕P. F. Brown，J. Cocke，S. A. D. Pietra. A statistical approach to machine translation〔J〕. Computational Linguistics，1990，16（2）.

〔54〕P. F. Brown，S. A. D. Pietra，F. Jelinek. Erratum to：a statistical approach to machine translation〔J〕. Computational Linguistics，1991，17（2）.

〔55〕F. J. Och. Minimum error rate training in statistical machine translation〔Z〕. Proceedings of the 41st Annual Meeting of the Association for Computational Linguistics，2003.

〔56〕O. Bojar，C. Buck，C. Callisonburch，et al. Findings of the 2013 Workshop on Statistical Machine Translation〔Z〕. 2013.

〔57〕苏珊著，耿海燕、李奇等校译. 意识导论〔M〕. 北京：中国轻工业出版社，2008.

〔58〕J. Prinz. Level-Headed Mysterianism and Artificial

Experience［J］. Journal of Consciousness Studies，2003，10（4-5）.

［59］范·弗拉森著，郑祥福译. 科学的形象［M］. 上海：上海译文出版社，2002.

［60］P. Bach-Y-Rita，S. W. Kercel. Sensory substitution and the human-machine interface［J］. Trends in Cognitive Sciences，2003，7（12）.

［61］B. Niels，L. G. Cohen. Brain-Computer Interfaces：Communication and Restoration of Movement in Paralysis［J］. The Journal of physiology，2007，579（3）.

［62］H. Christian，S. Tanja. Automatic Speech Recognition from Neural Signals：A Focused Review［J］. Frontiers in Neuroscience，2016，10（429）.

［63］M. A. Lebedev，M. A. L. Nicolelis. Brain-Machine Interfaces：Past，Present and Future［J］. Trends in Neurosciences，2006，29（9）.

［64］J. K. Chapin，K. A. Moxon，R. S. Markowitz. Real-Time Control of a Robot Arm Using Simultaneously Recorded Neurons in The Motor Cortex［J］. Nature Neuroscience，1999，2（7）.

［65］L. R. Hochberg，D. Bacher，B. Jarosiewicz. Reach and Grasp By People with Tetraplegia Using a Neurally Controlled Robotic Arm［J］. Nature，2012，485（7398）.

［66］M. J. Vansteensel，E. G. Pels，M. G. Bleichner. Fully Implanted Brain-Computer Interface in a Locked-In Patient with ALS ［J］. New England Journal of Medicine，2016，375（21）.

［67］M. Capogrosso，T. Milekovic，D. Borton. A Brain-Spine Interface Alleviating Gait Deficits after Spinal Cord Injury in Primates ［J］. Nature，2016，539（7628）.

［68］麦金著，吴杨义译. 意识问题 ［M］. 北京：商务印书馆，2015.

［69］维特根斯坦著，陈嘉映译. 哲学研究 ［M］. 上海：上海人民出版社，2005.

［70］康德著，邓晓芒译. 三大批判合集（上）［M］. 北京：人民出版社，2009.

［71］维特根斯坦著，郭英译. 逻辑哲学论 ［M］. 北京：商务印书馆，1985.

［72］M. Murata，K. Uchimoto，Q. Ma. Magical Number Seven Plus or Minus Two：Syntactic Structure Recognition in Japanese and English Sentences ［J］. Journal of Natural Language Processing，2001（6）.

［73］Bernard Baars. In the Theater of Consciousness：The Workspace of the Mind ［M］. Oxford University Press，1997.

［74］B. J. Baars. In the theater of consciousness ［M］.

Politics，1997.

［75］B. J. Baars. A cognitive theory of consciousness ［M］. Cambridge University Press，1988.

［76］B. J. Baars. In the theatre of consciousness：Global workspace theory，a rigorous scientific theory of consciousness ［J］. Journal of Consciousness Studies，1997，4 (4).

［77］D. Dennett. Are we explaining consciousness yet? ［J］. Cognition，2001，79 (1-2).

［78］S. Dehaene，M. Kerszberg，J. P. Changeux. A neuronal model of a global workspace in effortful cognitive tasks ［Z］. Proceedings of the National Academy of Sciences of the United States of America，1998，95 (24).

［79］S. Dehaene. Consciousness and the Brain：Deciphering How the Brain Codes our Thoughts ［M］. New York：Penguin Books，2014.

［80］S. Dehaene，Naccache. Towards a cognitive neuroscience of consciousness：basic evidence and a workspace framework ［J］. Cognition，2001，79 (1-2).

［81］S. Dehaene，M. Kerszberg，J. P. Changeux. A neuronal model of a global workspace in effortful cognitive tasks ［Z］. Proceedings of the National Academy of Sciences of the United States of America，1998，95 (24).

［82］S. Dehaene，M. Kerszberg，J. P. Changeux. A

neuronal model of a global workspace in effortful cognitive tasks [Z]. Proceedings of the National Academy of Sciences of the United States of America, 1998, 95 (24).

[83] S. Dehaene, J. P. Changeux. Ongoing spontaneous activity controls access to consciousness: a neuronal model for inattentional blindness [J]. Plos Biology, 2005, 3 (5).

[84] C. Sergent, S. Baillet, S. Dehaene. Timing of the brain events underlying access to consciousness during the attentional blink [J]. Nature Neuroscience, 2005, 8 (10).

[85] J. Driver, P. Vuilleumier. Perceptual awareness and its loss in unilateral neglect and extinction [J]. Cognition, 2001, 79 (1-2).

[86] S. Dehaene, J. P. Changeux. Ongoing spontaneous activity controls access to consciousness: a neuronal model for inattentional blindness [J]. Plos Biology, 2005, 3 (5).

[87] M. Shanahan. Consciousness, emotion, and imagination: A brain-inspired architecture for cognitive robotics [Z]. In Proceedings of the AISB'05 Workshop: Next Generation Approaches to Machine Consciousness, 2005.

[88] M. Shanahan, B. Baars. Applying global workspace theory to the frame problem [J]. Cognition, 2005, 98 (2).

[89] M. Shanahan. A cognitive architecture that combines internal simulation with a global workspace [J]. Con-

sciousness & Cognition，2006，15（2）.

［90］D. Connor，M. Shanahan. A computational model of a global neuronal workspace with stochastic connections ［J］. The Official Journal of the International Neural Network Society，2010，23（10）.

［91］M. Shanahan. Supplementary note on "A spiking neuron model of cortical broadcast and competition" ［J］. Consciousness & Cognition，2008，17（1）.

［92］M. Oizumi，L. Albantakis，G. Tononi. From the phenomenology to the mechanisms of consciousness：Integrated Information Theory 3.0 ［J］. Plos Computational Biology，2014，10（5）.

［93］克里斯托夫·科赫著，李恒威、安晖译. 意识与脑：一个还原论者的浪漫自白 ［M］. 北京：机械工业出版社，2015.

［94］朱里奥·托诺尼著，林旭文译. 从脑到灵魂的旅行 ［M］. 北京：机械工业出版社，2015.

［95］P. Thagard，T. C. Stewart. Two theories of consciousness：Semantic pointer competition vs. information integration ［J］. Consciousness and Cognition，2014（30）.

［96］J. R. Searle. Can Information Theory Explain Consciousness? ［J］. The New York Review of Books，2013（1）.

［97］D. Rosenthal，J. Weisberg. Higher-order theories

of consciousness [Z]. Scholarpedia, 2008, 3 (5).

[98] W. G. Lycan. Consciousness as Internal Monitoring, I: The Third Philosophical Perspectives Lecture [J]. Philosophical Perspectives, 1995 (9).

[99] D. M. Rosenthal. Varieties of higher-order theory [J]. Acta Analytica, 2004 (1).

[100] D. M. Armstrong. What is Consciousness? [J]. Consciousness, 2005, 52 (5).

[101] W. G. Lycan. Consciousness and Experience [M]. The MIT Press, 1996.

[102] D. M. Armstrong. A Materialist Theory of The Mind [J]. Analytic Philosophy, 1968, 9 (3).

[103] Josh Weisberg. Abusing the notion of what-it's-likeness: A response to Block [J]. Analysis, 2011, 71 (3).

[104] D. M. Rosenthal. Consciousness and Mind [M]. Oxford University Press, 2005.

[105] P. Carruthers. Phenomenal Consciousness: A Naturalistic Theory [J]. Cambridge University Press, 2000, 16 (2).

[106] D. Rosenthal. Exaggerated reports: reply to Block [J]. Analysis, 2011, 71 (3).

[107] J. Weisberg. Abusing the notion of what-it's-likeness: A response to Block [J]. Analysis, 2011, 71 (3).

［108］N. Block. Response to Rosenthal and Weisberg ［J］. Analysis，2011，71（3）.

［109］U. Kriegel. The same-order monitoring theory of consciousness ［J］. Self-representational approaches to consciousness，2006，22（2）.

［110］R. J. Gennaro. Between pure self-referentialism and the（extrinsic）HOT theory of consciousness ［A］. Uriah Kriegel & Kenneth Williford（Eds）. Consciousness and Self-Reference ［C］. MIT Press Philosophical Studies，2006.

［111］J. Levine. Conscious Awareness and Self Representation ［A］. U. Kriegel，K. Williford（Eds）. SelfRepresentational Approaches to Consciousness ［C］. MIT Press，2006.

［112］U. Kriegel. Subjective Consciousness：A Self-Representational Theory ［M］. Oxford University Press，2009.

［113］玄奘著，韩廷杰校释. 成唯识论校释 ［M］. 北京：中华书局，1998.

［114］弥勒著，玄奘译. 瑜伽师地论（100 卷）［A］. 大正新修大藏经 ［C］，1579 号，30 册.

［115］世亲著，玄奘译. 阿毗达摩俱舍论（30 卷）［A］. 大正新修大藏经 ［C］，1558 号，29 册.

［116］众贤著，玄奘译. 阿毗达摩顺正理论（80 卷）

［A］. 大正新修大藏经［C］，1562 号，29 册.

［117］窥基著. 成唯识论述记（20 卷）［A］. 大正新修大藏经［C］，1830 号，43 册.

［118］熊十力. 佛家名相通释［M］. 上海：上海书店出版社，2007.

［119］林国良. 成唯识论直解［M］. 上海：复旦大学出版社，2000.

［120］Franz Brentano. Psychology from an Empirical Standpoint［M］. Routledge，1995.

［121］R. Arrabales，A. Ledezma，A. Sanchis. CERA-CRANIUM：A Test Bed for Machine Consciousness Research［Z］. International Workshop on Machine Consciousness，Towards a Science of Consciousness，2009.

［122］德雷福斯著，宁春岩译. 计算机不能做什么［M］. 上海三联书店，1986.

［123］G. Caplain. Is consciousness a computational property?［M］. Mind versus computer，IOS Press，1997.

［124］M. Radovan. Computation and understanding［M］. Mind versus computer，IOS Press，1997.

［125］J. R. Lucas. Minds，machines and Godel［J］. Philosophy，1961，36（137）.

［126］Y. Taigman，M. Yang，M. Ranzato（eds）. DeepFace：Closing the Gap to Human-Level Performance in

Face Verification〔Z〕. Conference on Computer Vision and Pattern Recognition（CVPR），IEEE Computer Society，2014.

〔127〕J. Su，D. V. Vargas，S. Kouichi. One pixel attack for fooling deep neural networks〔DB/OL〕. https://arxiv. org/abs/1710. 08864. 2018-2-22.

〔128〕G. Buttazzo. Artificial Consciousness：Hazardous Questions And Answers〔J〕. Artificial Intelligence in Medicine，2008，44（2）.

〔129〕A. M. I. Turing. Computing Machinery And Intelligence〔J〕. Mind，1950，59（236）.

〔130〕G. G. Jr. Chimpanzees：Self-Recognition〔J〕. Science，1970，167（3914）.

〔131〕Arrabales，Raúl，A. Ledezma，A. Sanchis. The Cognitive Development Of Machine Consciousness Implementations〔J〕. International Journal Of Machine Consciousness，2010，02（02）.

〔132〕沃尔夫著，吕捷译. 精神的宇宙〔M〕. 北京：商务印书馆，2005.

〔133〕O. Holland，R. Goodman. Robots With Internal Models：A Route to Machine Consciousness?〔J〕. Journal of Consciousness Studies，2002，10（4-5）.

〔134〕A. Seth. The Strength of Weak Artificial Consciousness [J]. International Journal of Machine Consciousness，2012（1）.

[135] S. Harnad. Can a Machine Be Conscious? How? [J]. Journal of Consciousness Studies，2003（10）.

[136] 莱布尼茨著，朱雁冰译. 神义论 [M]. 上海三联书店，2007.

[137] J. Levine. Materialism and Qualia：The Explanatory Gap [J]. Pacific Philosophical Quarterly，1983，64（4）.

[138] C. McGinn. Can We Solve the Mind-Body Problem? [J]. Mind，1989，98（391）.

[139] Hameroff Stuart，Penrose Roger. Orchestrated reduction of quantum coherence in brain microtubules：A model for Consciousness，Mathematics and Computers in Simulation（MATCOM）. Elsevier，1996，40（3）.

[140] 彭罗斯著，许明贤、吴忠超译. 皇帝的新脑 [M]. 长沙：湖南科学技术出版社，2007.

[141] 普济. 五灯会元 [Z]. 北京：中华书局，2012.

[142] 侯世达著，本书翻译组译. 哥德尔、艾舍尔、巴赫：集异璧之大成 [M]. 北京：商务印书馆，1997.

[143] I. Aleksander. Designing Conscious Systems [J]. Cognitive Computation，2009，1（1）.

[144] 贝内特、哈克著. 张立等译. 神经科学的哲学基础 [M]. 杭州：浙江大学出版社，2008.

[145] 周昌乐. 心脑计算举要 [M]. 北京：清华大学出版社，2003.

[146] 周昌乐. 明道显性：沟通文理讲记 [M]. 厦门：厦门大学出版社，2016.

[147] 周昌乐. 意义的转译：汉语隐喻的计算释义 [M]. 北京：东方出版社，2009.

[148] 周昌乐. 机器意识 [M]. 北京：机械工业出版社，2021.

[149] 周昌乐. 无心的机器 [M]. 长沙：湖南科学技术出版社，2000.

[150] 周昌乐. 将芯比心 [M]. 杭州：浙江大学出版社，2024.

[151] 周昌乐，刘江伟. 机器能否拥有意识——机器意识研究及其意向性分析 [J]. 厦门大学学报（哲学社会科学版），2011（1）.

[152] 周昌乐. 机器意识能走多远：未来的人工智能哲学 [J]. 人民论坛·学术前沿，2016（13）.

[153] 周昌乐. 禅悟的实证 [M]. 北京：中国书籍出版社. 2019.

[154] 游均，周昌乐. 机器意识最新进展的哲学反思 [J]. 自然辩证法通讯，2018，40（6）.

[155] 游均，周昌乐. 机器如何处理意识难问题 [J]. 自然辩证法研究，2020，36（04）.

［156］游均. 机器意识何以可能：一种基于马克思主义的方案［J］. 中共福建省委党校（福建行政学院）学报，2023（01）.

［157］刘晓力主编. 心灵—机器交响曲［Z］. 北京：金城出版社，2014.

［158］王浩著，邢滔滔、郝兆宽、汪蔚译. 逻辑之旅：从哥德尔到哲学［M］. 杭州：浙江大学出版社，2009.

［159］L. Angel. How to Build a Conscious Machine［M］. Boulder：Westview Press，1989.

［160］V. Agustin，M. Ferno. Inner Speech：Nature and Functions［J］. Philosophy Compass，2011，6（3）.

［161］E. Lesser，T. Schaeps，P. Haikonen，et al. Associative Neural Networks for Machine Consciousness：Improving Existing AI Technologies［A］. IEEE Convention of Electrical & Electronics Engineers in Israel［C］. New York：IEEE，2008.

［162］L. Steels. Language Games for Autonomous Robots［J］. IEEE Intelligent Systems，2001，16（5）.

［163］L. Steels. Language Re-Entrance and the "Inner Voice"［J］. Journal of Consciousness Studies，2002，10（4-5）.

［164］R. Clowes，S. Torrance，R. Chrisley. Machine Consciousness：Embodiment and Imagination［J］. Journal of Consciousness Studies，2007，14（7）.

［165］F. Brentano. Psychology from an empirical stand-point ［M］. Routledge，1995.

［166］A. Dewalque. Brentano and the parts of the mental：a mereological approach to phenomenal intentionality ［J］. Phenomenology and the cognitive sciences，2013，12（3）.

［167］U. Kriegel. Phenomenal intentionality past and present：introductory ［J］. Phenomenology & the Cognitive Sciences，2013，12（3）.

［168］M. A. Cohen，D. C. Dennett. Consciousness cannot be separated from function ［J］. Trends in cognitive sciences，2011，15（8）.

［169］Davis，H. Jake，Thompson Evan. From the Five Aggregates to Phenomenal Consciousness：Toward a Cross-Cultural Cognitive Science ［A］. Steven M. Emmanuel（ed）. A Companion to Buddhist Philosophy ［C］. Oxford：Wiley-Blackwell，2013.

［170］Blakemore C. Understanding images in the brain ［J］. Images and understanding，1990.

［171］L. Wittgenstein. II：Notes for Lectures on "Private Experience" and "Sense Data" ［J］. Philosophical Review，1968，77（3）.

［172］Ned，Block. Qualia ［A］. Guttenplan，Samuel（ed）. A Companion to the Philosophy of Mind ［C］. Oxford：Blackwell，1994.

［173］ J. R. Searle. Mystery of consciousness ［M］. New York：The New York Review Of Books，1997.

［174］ J. R. Searle. Consciousness ［J］. Annual Review of Neuroscience，2000，23（2）.

［175］ J. A. Fodor，Z. W. Pylyshyn. Connectionism and cognitive architecture：A critical analysis ［J］. Cognition，1988，28（1-2）.

［176］ D. J. Chalmers，R. M. French，D. R. Hofstadter. High-level perception，representation，and analogy：A critique of artificial intelligence methodology ［J］. Journal of Experimental & Theoretical Artificial Intelligence，1992，4（3）.

［177］ G. Tononi，D. Balduzzi. Towards a Theory of Consciousness ［A］. M. Gazzaniga(ed). The Cognitive Neurosciences ［C］. London：The MIT Press，2009.

［178］约翰·希尔勒著，王巍译. 心灵的再发现 ［M］. 北京：中国人民大学出版社，2005.

［179］约翰·希尔勒著，刘叶涛译. 意向性：论心灵哲学 ［M］. 上海：上海人民出版社，2007.

［180］约翰·希尔勒著，刘叶涛译. 意识的奥秘 ［M］. 南京：南京大学出版社，2009.

［181］ H. Putnam. The Nature of Mental State. Philosophical Papers ［C］. Cambridge：Cambridge University

Press，1975.

［182］H. Putnam. Minds and machines［A］. S. Hook，ed. Dimensions of mind［C］. New York：New York University Press，1960.

［183］H. Putnam. Psychological predicates［J］. Art，mind and religion，1967（1）.

［184］J. A. Reggia. The rise of machine consciousness：Studying consciousness with computational models［J］. Neural Networks，2013（44）.

［185］D. Gamez. Progress in machine consciousness［J］. Consciousness and cognition，2008，17（3）.

［186］P. Boltuc. The philosophical issue in machine consciousness［J］. International Journal of Machine Consciousness，2009，1（01）.

［187］I. Aleksander. Machine consciousness［J］. Scholarpedia，2008，3（2）.

［188］O. Holland. Machine consciousness［M］. Oxford University Press，2009.

［189］J. A. Starzyk，D. K. Prasad. A computational model of machine consciousness［J］. International Journal of Machine Consciousness，2011，3（02）.

［190］徐英瑾. 心智、语言和机器［M］. 北京：人民出版社，2013.

［191］梅剑华. 即物以穷理——一种有我的物理主义世界观［M］. 北京：北京大学出版社，2023.

［192］玛格丽特·博登著，刘西瑞译. 人工智能哲学［M］. 上海：上海译文出版社，2001.

［193］李恒威. 觉知及其反身性结构——论意识的现象本性［J］. 中国社会科学，2011（04）.